巍巍古建

宋连海 编著

课本里的中国

U0222001

童趣出版有限公司编　人民邮电出版社出版
北　京

图书在版编目（CIP）数据

课本里的中国：巍巍古建 / 宋连海编著 ；童趣出版有限公司编. -- 北京 ：人民邮电出版社，2023.5
ISBN 978-7-115-60265-7

Ⅰ．①课… Ⅱ．①宋… ②童… Ⅲ．①古建筑－中国－少儿读物 Ⅳ．①TU-092.2

中国版本图书馆CIP数据核字(2022)第191275号

编　　著：宋连海
策划编辑：许　璇
责任编辑：徐　妍
执行编辑：朱晓燕
责任印制：李晓敏
封面设计：冯伟佳
排版制作：柚芽图文

编　　　：童趣出版有限公司
出　　版：人民邮电出版社
地　　址：北京市丰台区成寿寺路 11 号邮电出版大厦（100164）
网　　址：www.childrenfun.com.cn

读者热线：010-81054177　　经销电话：010-81054120

印　　刷：河北京平诚乾印刷有限公司
开　　本：787×1092　1/16
印　　张：6
字　　数：111 千字

版　　次：2023 年 5 月第 1 版　2023 年 5 月第 1 次印刷
书　　号：ISBN 978-7-115-60265-7
定　　价：39.80 元

版权所有，侵权必究。如发现质量问题，请直接联系读者服务部：010-81054177。

　　语文课本是孩子培养审美、开阔眼界的重要渠道，包罗万象的课文是孩子了解世界的重要途径。秀美的山水、宏伟的建筑，以及那些遥远又亲切的文化名城、历史名人，会随着文字在孩子心中激起涟漪，引发遐思。读着课本里的中国故事，了解中国的历史，领略中国的文化，是每一个中国孩子成长的必由之路。

　　《课本里的中国》把一粒粒散落在语文课本中的"珍珠"串联起来，由点到面，由近及远，串联起一座座城市的今天与昨天；串联起一方方山水的沧桑与辉煌；串联起一座座建筑的历史文化；串联起一个个名人的人生足迹。

　　从这套书中，我们可以窥见历史的更迭交替，梳理文化的发展脉络，感受文人墨客的精神风骨，了解独具特色的风土人情。

　　当然，这套书的意义还远不止于此。

　　这套书让孩子既"读"又"行"，且"行"且"思"，走进课本，再从课本中走出来，踏遍中华大地，看高山流水，赏城市之光，在名人故里中寻找前人的生活智慧，在巍巍古建中体味中华民族的伟大与光荣。

读万卷书，行万里路，思千古事。"读""行""思"的结合，会让孩子变得视野开阔、内心丰盈。

《课本里的中国》如同在孩子的阅读与生活中架起一座桥梁，通过这套书，孩子的阅读体验会变得更加丰厚、充实，旅行的步伐也会变得更加清晰、坚定。因此，这套书可以是：

一本本语文课本的拓展读物；

一幅幅身临其境的旅行地图；

一次次脚踏实地的探索之旅；

一场场充满遐想的梦幻游历；

…………

我们期待的最美好的阅读状态是家长和孩子，或者孩子和老师一起走在中国的大地上，怀着了解历史文化的欣喜，带着探寻与发现的新奇，实地实景讲述中国故事，身临其境感受中华文明，触摸历史，憧憬未来，让陈列在广阔大地上的遗产"活"起来，让"课本里的中国"真正走进孩子的内心。

全国小语会理事 特级教师

李学红

故宫 ①

在北京城的中心，矗立着一座金碧辉煌的城中之城，它就是故宫。

长城 ⑪

长城如同一条巨龙，在崇山峻岭之间蜿蜒穿行、曲折绵延，被称为"世界建筑奇迹"。

秦兵马俑 ㉑

陕西省西安市临潼区的地下，隐藏着一个神秘的地下军团——秦兵马俑。

圆明园 ㉛

圆明园是一座举世闻名的皇家园林，素有"万园之园"的美誉。

都江堰 41

可以说，因为有了都江堰，成都平原才有了"天府之国"的美誉。

黄鹤楼 51

数不清的诗词曲赋，让黄鹤楼有了"天下江山第一楼"的美誉。

莫高窟 59

莫高窟是我国著名的四大石窟之一，被誉为"祖国西北的一颗明珠"。

赵州桥 69

赵州桥气势宏伟、造型优美，横卧在洨河之上，被称为"天下第一桥"。

土楼 77

在那绿水环绕的山岭之间，坐落着数千座"东方古城堡"——土楼。

故宫

课本里的故宫

《故宫博物院》黄传惕

紫禁城城墙十米多高，有四座城门：南边午门，北边神武门，东西两边分别是东华门、西华门。宫城呈长方形，占地七十二万平方米，有大小宫殿七十多座、房屋九千多间。城墙外是五十多米宽的护城河。城墙的四角，各有一座玲珑奇巧的角楼。故宫建筑群规模宏大，建筑精美，布局统一，集中体现了我国古代建筑艺术的独特风格。

——六年级上册

相关名家名篇

庄士敦《紫禁城的黄昏》　　　阎崇年《故宫六百年》

单士元《故宫史话》《从紫禁城到故宫：营建、艺术、史事》

上榜理由：城中之城

在北京城的中心，矗立着一座金碧辉煌的城中之城，红墙黄瓦，熠熠生辉，它就是紫禁城。1925年，故宫博物院成立以后，我们就习惯叫它故宫了。它是明清两代的皇家宫殿，也是我国现存规模最大、保存最完整的古代宫殿建筑群，距今已经有600多年的历史。

古人认为天帝住在天上的紫微宫里，而皇帝自称"天子"，皇帝的住所就相当于天帝的紫微宫。又因为皇宫戒备森严，普通人不能随意靠近，所以称为"紫禁城"。

故宫始建于1406年，直到1420年才全部建成。从明成祖朱棣开始，一共有24位皇帝在故宫居住和处理朝政。

整个故宫南北长约960米，东西宽约750米，占地72万平方米，由外朝和内廷两大部分组成。

沿着天安门往里走，穿过端门就来到了故宫的正门——午门。从正面看，午门有3个门洞，其中中间的正门原则上只有皇帝才能出入。除此之外，皇帝大婚的时候，皇后可以从这里进入皇宫；殿试时，状元、榜眼和探花可以从正门走出皇宫，而其他人只能走左右侧门。

走进午门，是一个宽阔的广场，弯弯的内金水河像一条玉带横贯东西，河上建有5座精美的汉白玉石桥，桥的北面就是外朝宫殿的正门——太和门。

过了太和门，就到了故宫的中心——太和殿、中和殿、保和殿，统称三大殿。

太和殿俗称金銮殿，是三大殿中最大的，足足有9层楼那么高，是故宫最壮观的建筑，也是中国最大的木构殿宇。中和殿位于太和殿后面，是三大殿中最小的。皇帝去太和殿处理朝政的时候，会在这里休息一会儿，有时还会在此阅览奏章。穿过中和殿，就是保和殿。清朝时，每逢除夕和正月十五，皇帝都会在保和殿举行宴

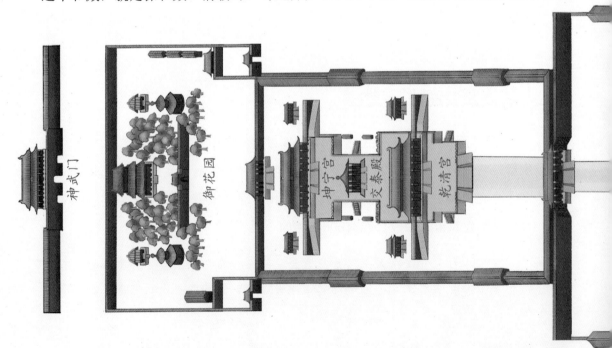

会，招待外藩、王公及一、二品的大臣，场面十分壮观。乾隆时期，保和殿还是举行殿试的地方。

保和殿的北边是一个长方形的小广场，过了广场，就来到了故宫的内廷。从南到北依次是乾清宫、交泰殿和坤宁宫，也称为后三宫。

乾清宫最初是明清皇帝的寝宫，自雍正皇帝移居养心殿以后，乾清宫成为皇帝处理日常政务、批阅奏章、接见外藩属国陪臣的重要场所。交泰殿位于乾清宫后面，是皇后过生日时接受朝贺的地方。乾隆皇帝把象征着皇权的二十五玺收存到了交泰殿，交泰殿因此成为储存印章的场所。坤宁宫位于交泰殿的北面，明朝时是皇后的寝宫，到了清朝，则改为专门的祭祀场所。除此之外，清朝时，坤宁宫还有一个用途，就是作为皇帝大婚时的新房。

出了后三宫，往北走，就来到了御花园。大大小小的亭台楼阁、池馆水榭，掩映在青松翠柏之中，来到这里，仿佛来到了美丽的江南园林。

走过御花园，就来到了紫禁城的北门——神武门。

出了神武门，也就走出了紫禁城。

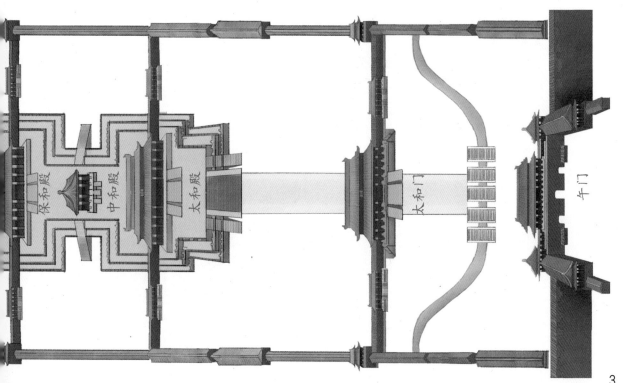

作为我国现存最大、最完整的宫殿建筑群，故宫代表了中国古代建筑艺术的巅峰。在这里，你几乎能找到所有中国古代建筑的形式。

殿

殿

殿是故宫里等级最高的建筑，一般作为皇帝朝会和居住的地方，有时也可以用来供奉神佛，如太和殿、养心殿、中和殿等。

堂

故宫里的堂是皇帝处理政事或供奉佛像的地方，后来，一些书斋、园林、寝宫也以"堂"来命名，如三希堂、遂初堂、乐寿堂等。

堂

宫

楼

楼是用来远眺、休息、藏书或者供佛的地方，如阅是楼、云光楼，还有我们熟悉的故宫角楼等。

楼

宫

宫本来一般是指有围墙的居舍，普通居民的卧室也可以称为宫，后来特指皇家建筑。宫和殿在建筑形式上没有明显的区别，二者主要的不同体现在功能上，"国事曰殿，家事曰宫"，如乾清宫、宁寿宫等。

阁

阁

阁是中国的一种传统楼房，和楼的作用差不多，如雨花阁、文渊阁等。

轩

轩

轩是指书房或敞开的厅堂，多用于园林建筑，如古华轩、丽景轩、绛雪轩等。

斋

斋一般指的是书斋或佛堂。例如，大名鼎鼎的漱芳斋，就是乾隆皇帝旧时读书的地方；而位育斋在雍正年间则作为佛堂使用。

馆

馆是用来游览眺望、起居、宴饮的房屋，有的也作为佛堂使用。故宫里以馆命名的建筑不多，最著名的就是咸若馆，它是清朝太后、太妃礼佛的场所。

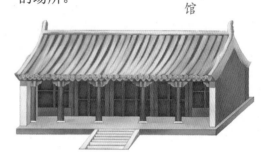

馆

亭

亭是用于休息、乘凉或观景的地方，主要在花园里，如御景亭、千秋亭等。

亭

斋

漱芳斋

故宫博物院是我国收藏文物最丰富的博物院，藏品涉及书画、器具、珍宝、宫廷文物等，总数超过180万件，几乎件件都是具有极高历史和文化价值的国宝！

书画之宝——《清明上河图》

时间：北宋

作者：张择端

材质：绢本，淡设色。

大小：纵24.8厘米，横528厘米。

介绍：《清明上河图》描绘的是北宋都城汴京（今河南开封）东角子门内外及汴河两岸的繁华热闹景象，集中概括地再现了北宋全盛时期都城汴京的生活面貌。

宫廷之宝——金瓯永固杯

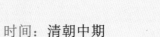

时间：清朝中期

材质：金

大小：高12.5厘米，口径8厘米。

介绍：金瓯永固杯是皇帝的专用酒杯，一面錾篆书"金瓯永固"，一面錾"乾隆年制"四字款。外壁满錾宝相花，左右两侧各有一变形龙耳。

金瓯永固杯一共有4件，1件藏于故宫博物院，另外3件分别藏于台北故宫博物院（1件）和伦敦华莱士博物馆（2件）。

法帖之宝——《平复帖》

时间：晋朝

作者：陆机

材质：纸本，手卷。

大小：纵23.7厘米，横20.6厘米。

介绍：《平复帖》全名《陆机草隶书平复帖卷》，是现存年代最早并真实可信的西晋名家法帖，是陆机写给一个体弱多病的友人的信札，因其中有"恐难平复"字样而得名。

青铜之宝——莲鹤方壶

时间：春秋时期

材质：青铜

大小：高122厘米，宽54厘米，重64千克。

介绍：莲鹤方壶是春秋时期的盛酒器或盛水器，形体巨大，双层镂雕莲瓣盖上立有一只仙鹤，代表了春秋时期青铜器制造工艺的巅峰。

瓷器之宝——各种釉彩大瓶

时间：乾隆时期

材质：陶瓷

大小：高86.4厘米，口径27.4厘米，足径33厘米。

介绍：乾隆皇帝对瓷器情有独钟。这件釉彩大瓶，器身自上而下装饰的釉、彩达15层之多，集各种高温和低温釉、彩于一身，素有"瓷母"之美称。

在中国的宫殿建筑群里，故宫的年龄并不算大。2020年，它刚刚过完自己的600岁生日。但从出生到现在，故宫里发生的故事可不少！

多灾多难的三大殿

明朝永乐十九年（1421年），明成祖朱棣（永乐皇帝）宣布正式将首都从南京迁到北京，并在新落成的奉天殿（今太和殿）举行盛大朝会，来庆祝北京宫殿正式启用。

看着宏伟的宫殿，永乐皇帝兴高采烈，召见了在钦天监负责管时间的漏刻博士胡㶅，让他给三大殿算算卦。

没想到，胡㶅占卜完，竟然一头冷汗，下跪启奏说四月初八午时，奉天殿、华盖殿、谨身殿三大殿会遭到大火焚毁。

在这样一个吉祥的日子听到如此晦气的话，永乐皇帝勃然大怒，下令把这位胡博士抓起来，送进了监狱。为什么没有立刻杀他呢？永乐皇帝的意思是：到时候三大殿安然无恙，再杀他也不迟。

转眼到了四月初，三大殿平安无事，永乐皇帝却越来越不安。

四月初八这一天，一大早，他就焦急地转来转去，等待午时的到来。终于，报时官员奏报：午正时刻（也就是中午12点）到了！永乐皇帝既高兴又愤怒，高兴的是三大殿太平无事，愤怒的是胡㶅胡言乱语。但不管怎么说，他悬了许久的心终于放下了。

谁知，就在这时，狱卒来报：胡㶅见三大殿没有起火，在狱中服毒自杀了！

可是，不管是永乐皇帝还是胡㶅，他们都忽略了这一点：午时是11点到13点，这才12点多，还没过午时呢！

果然，令人惊异的事情发生了。午时三刻刚过，突然间电闪雷鸣，三大殿遭到雷击，起火了！火借风势，风助火威，再加上三大殿全都是木质结构，它们竟然在这场大火中被全部烧毁。三大殿被烧毁3年后，永乐皇帝就去世了。

而这场大火，只是三大殿多灾多难的历史的开始。

从1421年到1679年（清康熙十八年），三大殿一共被烧毁了5次。前两次都是因为打雷引起火灾；第三次是因为一扇旁门着火，引发三大殿失火而被烧毁；第四次是被李自成撤离皇宫前放火烧毁；第五次是因为御膳房着火，结果导致太和殿被烧毁。

三大殿启用不久就被烧毁，这个教训太大了。所以防火成为故宫的重中之重，人们采取了很多防火措施，如置水缸、祭水神、祭火神等。

我们平时所说的故宫，一般指的是北京故宫。但在中国，叫故宫的地方可不止北京故宫一个。

南京故宫

南京故宫又称明故宫，是明朝迁都到北京之前在南京建造的皇家宫殿，由皇城与宫城两部分组成。明成祖朱棣迁都北京后，南京故宫正式结束了作为皇家宫殿的使命，但仍由皇族和重臣驻守，地位仍十分重要。

沈阳故宫

沈阳故宫是清朝奠基人努尔哈赤掌权时开始建造的，是清朝的第一座帝王宫殿建筑群，具有浓郁的满族风格和东北地方特色，里面收藏着许多珍贵的明清文物。

台北故宫博物院

台北故宫博物院是我国台湾地区规模最大的博物院，是仿照北京故宫博物院设计建造的。整座建筑庄重典雅，里面有许多珍贵藏品，如毛公鼎、翠玉白菜、东坡肉形石，以及苏轼的《寒食帖》、黄公望的《富春山居图》（后部长卷）等。

沈阳故宫

长城

课本里的长城

《长城》佚名

远看长城，它像一条长龙，在崇山峻岭之间蜿蜒盘旋。从东头的山海关到西头的嘉峪关，有一万三千多里。

…………

站在长城上，踏着脚下的方砖，扶着墙上的条石，很自然地想起古代修筑长城的劳动人民来。单看这数不清的条石，一块有两三千斤重。那时候没有火车、汽车，没有起重机，就靠着无数的肩膀无数的手，一步一步地抬上这陡峭的山岭。多少劳动人民的血汗和智慧，才凝结成这前不见头、后不见尾的万里长城。

——四年级上册

相关名家名篇

长城地势险，万里与云平。——虞羲《咏霍将军北伐》

随山就坡，险峻万状，自渤海之滨，复绝荒漠，蜿蜒竟达六千七百公里。戍楼高耸，斥堠连绵。你用一座座雄关，卡住咽喉古道，构成北门锁钥。

——鲍昌《长城》

上榜理由：世界建筑奇迹

在我国北方辽阔的土地上，从东到西，蟠伏着一条数千千米长的"巨龙"。它跨越高山、横穿沙漠、途经草原，在崇山峻岭、河流峡谷之间蜿蜒穿行，曲折绵延。它就是素有"世界建筑奇迹"之称的万里长城。

现存的长城遗迹主要为明长城。明长城东起辽宁省的虎山，西至甘肃省的嘉峪关。

走近长城关口

山西段·雁门关

雁门关位于山西省忻州市雁门山，汉朝名将卫青、霍去病、李广等曾驰骋在雁门古塞内外，多次大败匈奴，立下汗马功劳。汉元帝时，王昭君就是从雁门关出塞和亲的。

河北段·山海关

山海关位于河北省秦皇岛市东北部，因位于山海之间而得名。山海关建于1381年，是明长城的东北关隘之一。山海关紧邻京师，承担着护卫京师东北方向的任务，所以素有"天下第一关"的美誉。

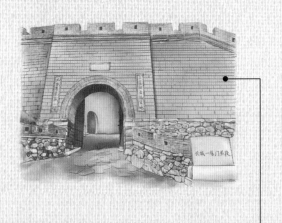

● 山海关·············· 居庸关·············· 雁门关

北京段·居庸关

居庸关位于北京市西北部，是京师西北方向的门户，其修筑历史可追溯至秦朝。相传秦始皇修筑长城时，将囚犯、士卒和强征来的民夫徙居于此，取"徙居庸徒"之意，故得名"居庸关"。

居庸关两侧高山夹峙，旁边有巨涧深沟、悬崖陡壁，易守难攻，素有"铁门"之称。

甘肃段·玉门关

玉门关位于甘肃省敦煌市西北部，因西域输入玉石时取道于此而得名。不同于其他关口只是单纯的军事作用，玉门关还是丝绸之路中重要的一环。当时的玉门关，人喊马嘶，商队络绎不绝，使者往来不息，一派繁荣景象。

山西段·娘子关

娘子关位于山西省阳泉市，相传为唐朝平阳公主率娘子军在此驻防时所筑，故得名"娘子关"。

娘子关东南侧的长城依绵山蜿蜒，巍峨挺拔，城西有桃河水环绕，终年不息。险山、河谷、长城为晋（山西省）冀（河北省）间筑起一道屏障，对保障山西省和河北省的安全起着重要的作用。

娘子关 ········· 嘉峪关 ········· 玉门关

甘肃段·嘉峪关

嘉峪关位于甘肃省嘉峪关市，是明长城最西边的关口，也是丝绸之路的要塞，地势险要，素有"河西咽喉"之称。

嘉峪关始建于1372年，由外城、内城和瓮城等组成，是现存长城上最大的关隘，也是中国规模最大的关隘，被誉为"天下第一雄关"。

嘉峪关的城墙上建有箭楼、敌楼、角楼等，与附近的城台、城壕、烽燧等组成坚固的防御体系。

长城的历史要从西周时期开始说起。周朝为了防御北方游牧民族的侵扰，修筑了连续排列的城堡——"列城"，这可以说是长城的雏形。

先秦长城

真正意义上的长城的修建，始于春秋战国时期的楚国。楚长城规模较小，称为"方城"。随后，齐、燕、韩、赵、魏、秦等国，都开始修建自己的长城。为了与后来秦始皇所修的长城区分，历史学家称这些长城为"先秦长城"。

万里长城这个说法，就是从秦长城开始的。

先秦长城的规模都不大，长度只有几百千米到一两千千米。

秦长城

秦始皇统一六国之后，为了抵御北方匈奴的侵扰，命人将原来北方各诸侯国修建的长城连接起来，还增加、扩修了很多部分，形成了西起临洮，东至辽东，绵延万余里的长城。

汉长城

西汉时期，由于年久失修，长城的防御功能大大减弱，匈奴又开始入侵。汉武帝派大将霍去病征讨匈奴，把匈奴赶出河西走廊。随后，汉武帝命人重新修复秦长城，并沿着北方边境，修建了一条西起新疆，东至辽东，长达1万多千米的长城，史称"汉长城"。

明长城全长8800多千米，是现在保存最完好的长城。

明长城

今天我们所见到的长城，主要是明长城。

明朝时期，北方游牧民族对中原地区依旧侵扰不断。明成祖迁都北京以后，因为京城位置更加靠北，长城就变得更加重要。

为了巩固北方，确保边境安全，在明朝200多年的历史中，修筑长城的工作几乎没有中断过，由此逐步形成了九边重镇分区防守、分段管理和修筑长城的制度。

九边重镇亦称为"九镇"，明朝为便于对长城全线的防务管理和长城本身的修筑，将长城全线分为九镇，委派总兵（亦称镇守）官统辖。

烽火台

长城是世界上最宏伟的人工建筑，也是规模庞大的军事防御工程体系。

烽火台

烽火台是长城防御体系中最为重要的部分之一，主要用于传递军情、发出信号。烽火台白天放烟，称为"燧"，夜间点火，叫作"烽"。

烽火台通常建在便于相互瞭望的高岗、山丘之上。台上有守望房屋和燃烟放火的设备，台下是士兵居住的房屋和仓库、马圈等。

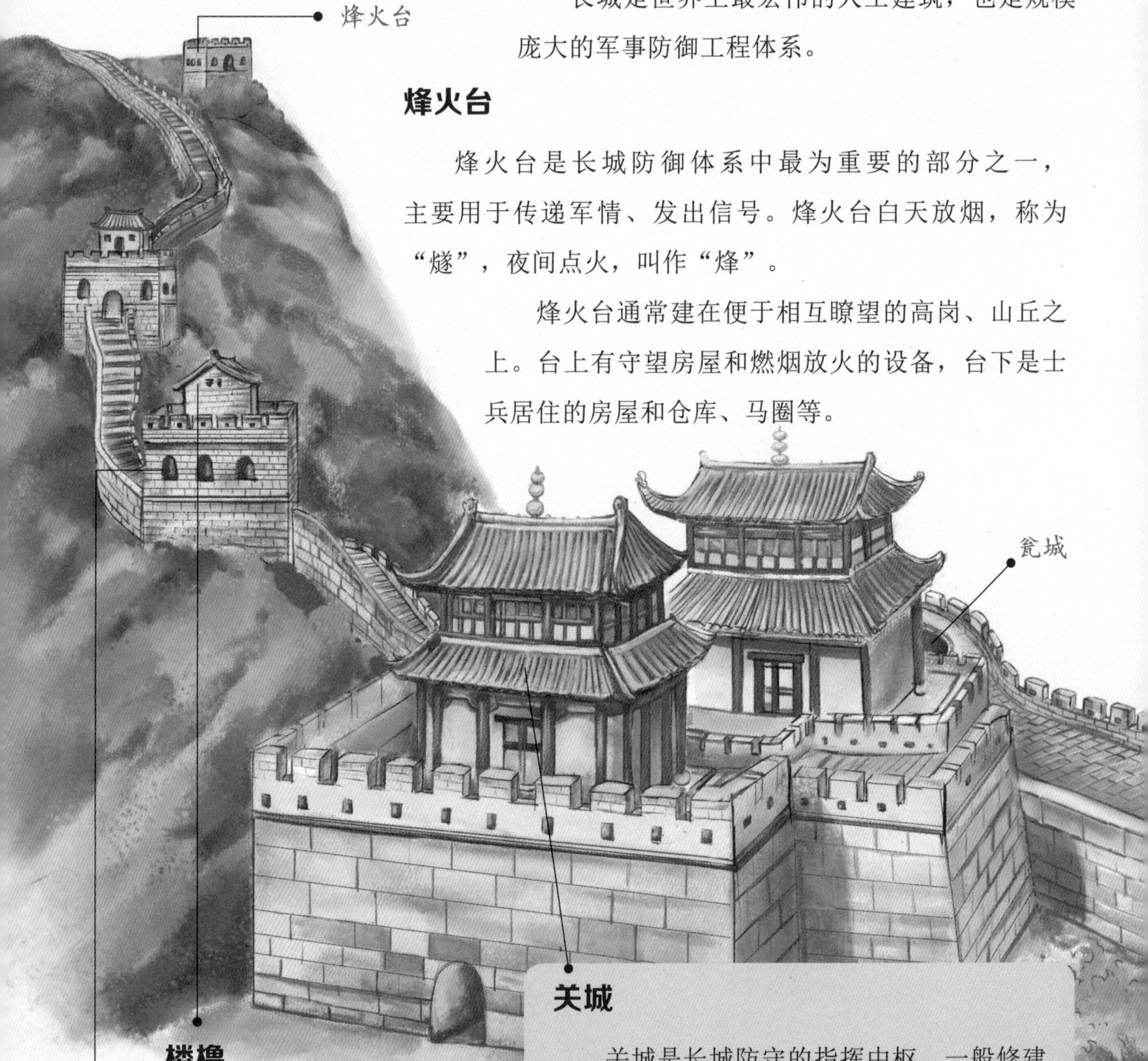

瓮城

关城

关城

关城是长城防守的指挥中枢，一般修建在利于防守的地方，比如山脊上。以关城为中心，两侧修建城墙，相当于在山脊上铺了一条大路，不但从关城发出的指令能够迅速传递，军队也可以快速移动、补给。

楼橹

敌楼

楼橹

楼橹是用来观察敌人动向的瞭望台。明长城的楼橹一般建在敌楼上，四周环以垛口。

城墙

  城墙是长城的主体部分。根据地势和防御功能的不同，城墙一般建在崇山峻岭或者平原地区的险阻之处。崇山峻岭之处的城墙较为低矮狭窄，平原地区的城墙则大多高大坚固。

瓮城

  瓮城一般建在关城前面，有了它，敌人想要进攻关城就多了一层阻碍。有时候，还可以把敌人困在瓮城里面，来个"瓮中捉鳖"。

敌楼和马面

  关城两侧一般建有敌楼和马面。敌楼平时供守卫的士兵居住，遇到敌情又可以变成堡垒，能攻能守。

  马面是城墙外侧凸出来的部分，有敌人来犯时，士兵可以躲在马面上，从侧后方射击敌人。

垛口

  垛口是指城墙上面向敌方一侧凹凸形的矮墙。有的垛口上方留有小孔，称为瞭望孔，用于观察敌情；下方也有小孔，称为射击孔，用于攻击敌人。

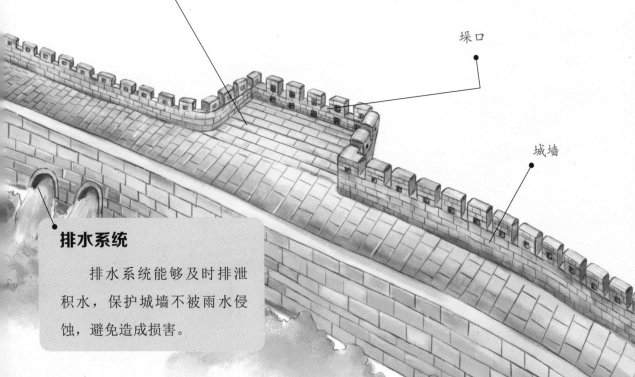

马面

垛口

城墙

排水系统

  排水系统能够及时排泄积水，保护城墙不被雨水侵蚀，避免造成损害。

长城从最早的"土墙"，发展成今天我们看到的一套完备、宏大的军事防御工程体系，其选址、建筑方法和建筑材料等都有各自的特点。

选址

长城最初的作用是防御外敌，所以古人修建长城时，在选址上下足了功夫。

比如秦始皇修建长城时，就采用了"因地形，用险制塞"的方法，所以关口大多选在高山的交通要道，一般是几条路的中心枢纽处，并且还要兼具高耸、险要的特点。

建筑方法和建筑材料

长城的修建历史跨越上千年，不同朝代的建筑方法和建筑材料也各不相同。

版筑夯土墙

夯土版筑技术是我国最早采用的一种构筑城墙的方法。版筑夯土墙就是以木板作模，内填黏土或灰石，用杵层层夯实修筑成的城墙。

夯土墙内填的"馅料"往往各不相同、就地取材。它们有的是用黏土和沙，再加上红柳或芦苇的枝条夯筑而成，也有的是用土、沙、石灰加碎石夯筑而成。

青砖砌墙

唐朝以后，制砖技术有了长足发展。城门及附近的城墙，开始采取用砖包砌，内填黄土的方法来修筑。砖砌城墙，不但能有效阻挡敌人步、骑兵的进攻，抵抗冷兵器的袭击，而且能抵抗火器的袭击。

石砌墙

石砌墙指的是用山石砌筑的城墙。山石能经受风雨的侵蚀，加上长城不少地段构筑在山脊上，所以应用石砌的建筑方法更加合适。工匠们会用石灰掺糯米汁作胶，以此填补不规则的石头间的缝隙，砌成石墙。

虽然中国的万里长城闻名世界，但不是只有中国才有长城。

德国长城

德国长城位于莱茵河与多瑙河之间，是古罗马帝国建造的，长约550千米。

英格兰长城

英格兰长城位于英格兰与苏格兰之间，是古罗马帝国哈德良皇帝下令修建的，故又名哈德良长城，全长118千米。

高丽长城

高丽长城始建于1033年，自朝鲜西北边境的鸭绿江下游至东北边境的东朝鲜湾海岸，全长370多千米。

印度长城

为了抵御外来敌对势力，印度在15世纪修建了全长70多千米的长城。

澳大利亚长城

澳大利亚长城建于1960年，目的是将昆士兰草原的羊群与生活在草原西部的一种澳洲大陆特有的野生犬隔开，以免对羊群造成伤害。这也是世界上唯一一处不以防御外敌入侵为目的修建的长城。

秦兵马俑

课本里的秦兵马俑

《秦兵马俑》佚名

秦兵马俑在我国西安的临潼出土，它举世无双，是享誉世界的珍贵历史文物。

…………

秦兵马俑，在古今中外的雕塑史上是绝无仅有的。它惟妙惟肖地模拟军阵的排列，生动地再现了秦军雄兵百万、战车千乘的宏伟气势，形象地展示了中华民族的强大力量和英雄气概。

——四年级上册

相关名家名篇

汪曾祺《兵马俑的个性》

贾平凹《陶俑》

袁仲一《秦兵马俑》

上榜理由：神秘的地下军团

在陕西省西安市临潼区，有一片广阔的土地，高于地面，上面长满绿色的植被。就在这植被之下，隐藏着一个神秘的地下军团，所见之人无不被其"大、多、精、美"所折服，它也因此获得了"世界第八大奇迹"的赞誉。这个神秘的地下军团就是秦兵马俑。

陕西省关中平原一带，自古以来就是中国古代帝王将相的政治舞台，也是他们的归宿之地。历史上有名有姓的帝王，有27个埋葬在这一带。其中最为庞大的、最令人瞩目的陵墓，就是秦始皇陵，而秦兵马俑，就是秦始皇陵的一部分。

从远古时期开始，人类就有制作陪葬品的习俗。秦兵马俑为什么能独树一帜，成为世界奇迹呢？

首先，就是因为它的"大"。

现在已经发掘出来的秦兵马俑坑一共有4个，分别为一号坑、二号坑、三号坑和四号坑，其中四号坑为空坑。

其中一号坑是最早被发现的，主要由战车兵和步兵（战袍步兵和铠甲步兵）组成。

俑，指的是古代墓葬的一种陪葬品，兵马俑，就是制成兵马（战车、战马、士兵）形状的陪葬品。

一号坑的规模是所有坑中最大的，东西长230米，南北宽62米，相当于2个标准足球场。约5米深的大坑中，密密麻麻排满了各式各样的陶俑和陶马，约6000件，阵容庞大、气势宏伟。

二号坑则是所有坑中最为壮观的，由骑兵、步兵、弩兵和战车混合编组。

三号坑由南北厢房和车马房组成，是所有坑中彩绘保存得最为完好的坑。

其次，是因为它的传神。

兵马俑坑里所有的陶俑，全都是按照当时秦朝军队的真实情况设计的。不管是人物还是战马，都和真人、真马差不多大小。不但如此，每个陶俑的装束、神态也如同真人，就连发饰、手势、脸上的表情，都各有差异。有的端庄肃穆，有的一脸老成，有的意气风发。通过他们脸上的表情，你甚至能够看出他们各自的性格特征，以及当时的心情如何。

历史记载，秦始皇刚即位（公元前247年）便开始建造皇陵，先后共征调70余万名劳动力，历时39年，耗费金钱不计其数，终于建造起一座庞大的皇陵。皇陵南倚骊山，北临渭水，占地面积达56.25平方千米。

在俑坑顶部，棚木上面覆盖有一层席子，再铺上黏性较强的自然红土，最后封土，可以预防渗水和棚木腐朽，有利于保护俑坑内的建筑。

红土　　一号坑复原图　　棚木　　席子　　封土

秦兵马俑坑中的陶俑穿着、配饰各不相同，可谓千人千面。

高级军吏俑（将军俑）

兵种：步兵

特点：身材魁梧，头戴鹖冠，身披铠甲，好像在思考如何击败敌人。

自我介绍：我不仅战斗力强，还是整个队伍中的"军师"。嘘，请不要打扰我思考。

中级军吏俑

兵种：步兵

特点：头戴双板或单板长冠，身穿甲衣，挺胸伫立，神态肃穆。

自我介绍：虽然我的等级低于将军俑，但也不要小看我哟。我善于思考、勇武干练，作战时缺了我可不行！

武士俑

兵种：步兵

特点：身穿战袍，披挂铠甲，脚上穿着前端翘起的战靴，手里还拿着兵器，神气十足。

自我介绍：我们虽不如将军俑和中级军吏俑等级高，可我们是军阵的主体，是保家卫国的重要力量。

战袍武士

铠甲武士

跪射俑

兵种：步兵

特点：身穿战袍，外披铠甲，头顶左侧绾一发髻，脚蹬方口齐头翘尖履，左腿蹲曲，右膝着地，上体微向右侧偏转，双手在身体右侧，一上一下作握弓状。

自我介绍：我位于阵心，与立射俑并肩作战，向敌人射击。

立射俑

兵种：步兵

特点：左脚向左前方斜出半步，双脚成丁字形，左腿微弓，右腿后绷。左臂向左侧半举，右臂曲举于胸前，昂首凝视左前方。

自我介绍：我在二号坑，我的最佳搭档是跪射俑。

骑兵俑

兵种：骑兵

特点：头戴圆形小帽，身穿交领右衽、双襟掩于胸前的上衣，下穿紧口连裆长裤，脚蹬短靴，身披短而小的铠甲。

自我介绍：我出土于二号坑，经常负责奇袭。

"战车三人组"

兵种：战车兵

特点：车士俑身穿长襦、外披铠甲、胫着护腿、头戴巾帻，一手持长兵器，一手作按车状。御手俑与车士俑服装相似，脖有颈甲、臂有掩膊、头戴巾帻及长冠，双臂前举作牵绳驾车状。

自我介绍：在战场上我们配合默契，所向披靡。

御手俑

车士俑　　车士俑

历史上，秦国的军队素有"虎狼之师"的称号。凭借强大的战斗力，他们在战场上几乎百战百胜。《战国策》就曾记载秦军将士百余万，战车千乘，战马数万匹。打仗的时候，士兵经常光着膀子，拿着短剑，气势汹汹地去追击敌人。

下面，我们就来看看，战场上这支"虎狼之师"的样子。

精良的武器装备是秦军强大战斗力的重要标志。通过兵马俑坑我们可以看到，当时武器的种类非常丰富。

长兵器：适合远距离格斗，如戟、矛、殳、戈等。

远射兵器：射程远、穿透力强，如弓、弩等。

短兵器：适合近距离御敌，如短剑、弯刀、金钩等。

武器装备对战士来说简直是"锦上添花"。但是想要配得上"虎狼之师"的称号，秦军还需要一个终极"武器"——充满智慧和战术的阵法。

作战秘密大公开

第一回合：弓弩手远距离持续射击来压制敌军。

第二回合：战车士兵、骑兵迅速从两翼包抄，利用长兵器与敌军进行白刃格斗，撕开敌军的防线。

第三回合：步兵长驱直入，利用短兵器与敌军进行近身白刃格斗，给予敌军致命一击。

制作泥胎

用当地出产的黄土，分别制作出陶俑的头部、四肢，以及躯干的粗胎。

雕琢面容

在粗胎上覆上一层泥，然后雕塑头部，仔细雕出五官、胡须、头发等，以达到"千人千面"的效果。

从出土的兵马俑我们可以看到，陶俑的胡须、发型各不相同，服饰也多种多样，既有中原地区的服饰，也有来自少数民族的"胡服"。

组装身体

将做好的陶俑身体的各个部件组装在一起，用泥土粘好，然后在身体上覆泥，来塑造或者粘贴铠甲、腰带、帽子等。

在陶俑的隐蔽处，工匠还会留下一些小孔，避免陶俑在烧制的时候炸裂。

进窑烧制

将组装、制作好的泥胎放入窑中，以1000摄氏度以上的高温烧制后，陶俑就会变得坚硬，敲起来还会发出响亮的金属声。

彩绘上色

制作兵马俑的最后一道工序就是彩绘上色。一般来说，陶俑的皮肤是粉色的，身上的服饰则有绿、紫、红、蓝等多种颜色。

秦朝时期实行"物勒工名"的制度，即要求工匠在自己制作的器物上标明自己的名字，从而便于器物质量的管理。在出土的兵马俑中，我们可以看到一大批工匠的名字，在有些陶俑身上，还发现了人名前加地名的文字。

兵马俑本是彩色的，可为什么我们看到的大都没有颜色呢？

据研究，可能是因为下面两个原因。

第一，兵马俑到现在已经有2000多年的历史了，中间经历过焚烧、洪水、地下水侵蚀等人为或自然破坏，导致身上的彩绘脱落。

第二，兵马俑身上的颜色由两部分组成，第一部分是用漆树的汁液加工而成的生漆层，第二部分是生漆层上涂的颜料。生漆和空气接触后，特别容易氧化，会迅速变干、脱落，加上出土时文物保护技术落后，一部分兵马俑就失去了色彩。

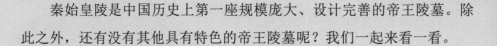

秦始皇陵是中国历史上第一座规模庞大、设计完善的帝王陵墓。除此之外，还有没有其他具有特色的帝王陵墓呢？我们一起来看一看。

西夏陵

西夏陵位于银川市，是西夏历代帝王陵以及皇家陵墓，共有帝陵9座，是中国现存规模最大、地面遗址最完整的帝王陵园之一。

唐昭陵

唐昭陵是唐太宗李世民与长孙皇后的合葬陵，也是中国历代帝王陵中规模最大、陪葬墓最多的一座，被誉为"天下名陵"。

明孝陵

明孝陵位于南京市紫金山南麓，是明太祖朱元璋与马皇后的合葬陵，因马皇后谥号"孝慈高皇后"，又奉行孝治天下，故名"孝陵"。

明十三陵

明十三陵位于北京市昌平区，是明成祖朱棣及其以后共计13位明代帝王的陵墓，是世界上埋葬皇帝最多的墓葬群，以规模宏伟壮观、陵园体系完整、布局庄严和谐、景色优美静谧、风格典雅古朴著称于世。

说一说，你还知道哪些著名的帝王陵墓？

圆明园

课本里的圆明园

《圆明园的毁灭》王英琦

圆明园的毁灭是中国文化史上不可估量的损失，也是世界文化史上不可估量的损失！

圆明园在北京西北郊，是一座举世闻名的皇家园林。它由圆明园、绮春园和长春园组成，所以也叫圆明三园。此外，还有许多小园，分布在圆明园东、西、南三面，众星拱月般环绕在圆明园周围。

——五年级上册

相关名家名篇

乾隆皇帝《三月初八日幸圆明园》

顾随《临江仙·游圆明园》

雨果《就英法联军远征中国致巴特勒上尉的信》

上榜理由：万园之园

圆明园是一座举世闻名的皇家园林，是清朝几代帝王历经150余年不断创建、完善而成的一座规模宏大的园林。

历史上的圆明园，全盛时期曾有150多处园林景观。它集合了江南名园胜景之大成，融中国古代造园艺术之精华，又吸收了西方园林的艺术特点。圆明园园中有园、景中生景，是中国古典园林的独特代表，素有"万园之园"的美誉。

圆明园是清朝的大型皇家园林，由圆明园、长春园和绮春园（又名万春园）组成，所以也叫"圆明三园"。

圆明园

圆明园是圆明三园中最早兴建的，始建于康熙四十八年（1709年）。康熙皇帝把圆明园赐给他的四儿子胤禛，也就是后来的雍正皇帝。

胤禛非常喜欢这里。他当上皇帝以后，就对圆明园进行了全面扩建。

他命人仿照紫禁城中轴对称的形式，在园子的南边修建了宫廷区，开辟了新的大宫门、出入贤良门，又在左右设置了外朝房和内阁府衙的值房，作为他和群臣举行朝仪、理政的地方。

他还下令把原来园子的东、西、北三面向外拓展，修建亭台楼阁、假山流水，作为寝居、游赏的地方。

每年盛夏时节，清朝的皇帝都会到圆明园避暑、听政，因此圆明园还有另外一个名字——"夏宫"。

长春园

长春园位于圆明园的东边，建于乾隆时期。

据说，长春园是乾隆皇帝为了自己退位后养老居住而修建的，所以整个园林的建造都是以满足山水游乐为主，特别是水域面积，占到了全园面积的三分之二，可见长春园是个名副其实的"水景园"。园子里有大大小小十几处景致，或建在水上，或建在岛上，或沿岸临水，相比圆明园多了几分情趣和活泼之感。

乾隆皇帝是个喜欢新奇的人，所以在长春园的北部，他还命人仿照欧洲的建筑样式，建造了一组西洋建筑群，这就是有名的"西洋楼"。

绮春园

绮春园位于圆明园和长春园的南边，同样建造于乾隆时期，但它的主要营建工作还是在嘉庆时期完成的。

和父亲一样，嘉庆皇帝也喜欢住在圆明园里，而且对绮春园尤其钟爱，所以登基以后，他花费了很多心思扩建绮春园。

相比于长春园，绮春园的整体构造比较特殊，它是由一个又一个的小园子合并而成的，中间用蜿蜒的水道分隔开来，别有一番韵味。

圆明园的建造，前前后后加起来，差不多用了150年的时间。它"见证"了清朝的鼎盛繁荣，也"目睹"了这个王朝的衰落。有人说，一座圆明园，就是一部清朝的兴衰史。

初建

自古以来，帝王贵胄就喜欢建造园林，作为游赏和休闲的地方，清朝皇帝也不例外。

北京的西郊群山绵延，清泉遍地。从康熙皇帝开始，清朝皇帝就在北京西郊兴建园林，其中最有名的就是畅春园。

当时，圆明园只是畅春园附近一座小小的附属园林。1709年，康熙皇帝把这个小园子赐给了四儿子胤禛（后来的雍正皇帝），赐名"圆明园"，还亲自题写了匾额。

胤禛即位后，开始对圆明园进行全面扩建。他花费重金，把圆明园打造成了具有居住和处理政务双重功能的皇家园林。扩建后的圆明园，既有庄严雄伟的正大光明殿，也有用来居住、礼佛、举行家宴的九洲清晏、慈云普护。

雍正皇帝在这里听事理政、设宴祝寿、接见外国使臣、赏赐凯旋将士，圆明园逐渐成为仅次于紫禁城的政治中心。

辉煌

乾隆皇帝即位的时候，清朝的政治经济达到鼎盛，为他大兴土木打下了丰厚的物质基础。乾隆皇帝喜欢奢华，他不但对原有的皇家园林进行翻修、扩建，而且大规模地建造新园。从乾隆三年(1738年)开始，乾隆皇帝就命人在圆明园大兴土木，调整园林景观。为了把江南的美景搬到京城，乾隆皇帝还效仿爷爷康熙皇帝，多次

到江南巡视，并让随行的画师将美景画下来，回京仿造。著名的"圆明园四十景"就是在这个时期建造完成的。

他还任命西洋人郎世宁为设计师，在圆明园东面修建了汇聚许多喷泉景观和西洋建筑的长春园，形成了中西合璧的独特园林景观。之后，他又把绮春园并入圆明园，形成了"圆明三园"的整体布局。

陨灭

嘉庆皇帝和他的父亲乾隆皇帝一样钟爱圆明园，花费了许多心思重建和完善圆明园。此后的咸丰皇帝、同治皇帝，也继承了这个"传统"，不断在圆明园原来的基础上增添新的景观。就这样，经过100多年的兴建，圆明园成为京郊最美的皇家园林，也成为世界造园艺术的典范。

时间来到了1856年，英法联军对中国发起第二次鸦片战争。1860年10月，英法联军攻入北京城，闯进圆明园，进行了疯狂的抢劫和破坏，之后放火焚烧圆明园。大火连烧3天，圆明园及附近的清漪园、静明园、静宜园、畅春园等，全被烧毁。

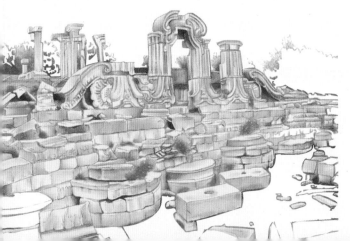

同治皇帝和光绪皇帝在位期间，曾经想修复圆明园，无奈国力贫弱，国库空虚，无力修建。曾经的"万园之园"，如今只留下一片废墟和后人无限的遗憾。

圆明园不但建筑宏伟，还收藏着许多珍贵的历史文物，上至先秦时期的青铜礼器，下至唐、宋、元、明、清历朝的名人书画和各种奇珍异宝，是当时世界上最大的博物馆、艺术馆。

十二生肖兽首铜像

说到圆明园的稀世珍宝，你一定听说过十二生肖兽首铜像。

十二生肖兽首铜像以专门为宫廷炼制的红铜为原料，由宫廷造办处的工匠精心制成，呈八字形排列在海晏堂前的水池两边，被称为"水力钟"。每到一个时辰，与这个时辰对应的兽首就会自动喷水。比如辰时就是龙首喷水，亥时就是猪首喷水。正午12点的时候，十二生肖兽首铜像则同时喷水，设计非常精巧。

英法联军火烧圆明园后，十二生肖兽首铜像也流落海外。目前，牛首、猴首、虎首、猪首、鼠首、兔首、马首、龙首已回归中国，剩余4尊仍下落不明。

四十景图

乾隆元年（1736年），乾隆皇帝下旨令宫廷画师绘制圆明园景图，耗时11年，终于完成圆明园《四十景图》。画作画工精美，所绘建筑、泉石等景观都为写实风

格，上面还有乾隆皇帝的御笔题诗，诗、书、画达到了完美的统一。可惜的是，英法联军火烧圆明园时，这套彩绘图被侵略者掠走，现藏于法国国家图书馆。

文源阁本《四库全书》

　　《四库全书》是在乾隆皇帝的主持下，由高级官员和学者耗时10年编纂而成的中国古代规模最大的丛书，分为经、史、子、集4个部分，故名"四库"。

　　《四库全书》全部编纂完成以后，乾隆皇帝命人手抄了7部，分别收藏于紫禁城文渊阁、沈阳文溯阁、圆明园文源阁、承德文津阁，以及扬州文汇阁、镇江文宗阁和杭州文澜阁。

　　1860年，英法联军焚掠圆明园，文源阁本《四库全书》化为灰烬。

　　据粗略统计，英法联军入侵圆明园，掠走了大约150万件珍贵文物。除了我们提到的这些，还包括圆明园印、乾隆长颈葫芦瓶、《情韵墨花》手卷等。

慈云普护

雍正皇帝崇尚佛教，慈云普护就是他礼佛之地，分为南边宫门、中间正殿和北边自鸣钟楼3个部分。

蓬岛瑶台

慈云普护一角

正大光明殿

正大光明殿是圆明园的正殿，建成于雍正三年（1725年），是雍正皇帝听事理政和举行重大活动的地方。

正大光明殿

蓬岛瑶台

蓬岛瑶台建于雍正年间，位于福海中央，是按照神话传说中的3座仙山：蓬莱、瀛洲、方丈建造而成的。

九洲清晏殿

九洲清晏

九洲清晏位于圆明园西部，中间是圆明园殿、奉三无私殿和九洲清晏殿，西边是皇帝的寝室兼书房，东边是后宫嫔妃居住之地。

远瀛观

远瀛观是西洋楼景区中最主要的景观，建成于乾隆四十八年（1783年），我们熟悉的香妃就住在远瀛观。

海晏堂

远瀛观

海晏堂

海晏堂是一座典型的欧式园林建筑，意为"河清海晏，国泰民安"。圆明园十二生肖兽首铜像就位于海晏堂。

大水法一角

大水法

大水法是圆明园最有名的人工喷泉，水柱齐喷，蔚为壮观。

凤麟洲石碑

凤麟洲

凤麟洲位于绮春园东湖之中，这里碧波荡漾，花树掩映，好似人间仙境。

皇家园林，古时候称为"苑""囿"。从公元前11世纪周文王修建"灵囿"算起，到19世纪末慈禧太后重建清漪园为颐和园，3000多年的历史中，几乎每个朝代都建造过属于自己的皇家园林。

其中，北京圆明园、西安华清池、承德避暑山庄、北京颐和园，合称为中国"四大皇家园林"。

华清池

华清池，也叫"华清宫"，位于陕西省西安市临潼区，是唐朝帝王游幸的别宫。

避暑山庄

避暑山庄，又称"承德离宫""热河行宫"，是清朝皇帝夏日避暑、处理政务之地，也是我国现存最大的古典皇家园林。

颐和园是我国保存最完整的皇家行宫御苑，被誉为"皇家园林博物馆"。

颐和园

都江堰

课本里的都江堰

《索桥的故事》巴金

我的眼光正落在"分水鱼嘴"上。我起初看不出来这个光滑的、鱼嘴般的"石头"是什么东西，后来才知道它是把岷江分为内外两条江的工程。这个"鱼嘴"在都江堰的前端，都江堰便是两千两百多年以前李冰父子在岷江中修筑的一条大堤。

——六年级下册

相关名家名篇

杜甫《石犀行》　　　　　陆游《十二月十一日视筑堤》

余秋雨《都江堰》　　　　迟子建《寻道都江堰》

舒婷《今夜，我牵挂都江堰》

上榜理由：天府之源

在我国西南部，有一片丰饶富足的土地，这就是素有"天府之国"美誉的成都平原。

但你知道吗？在2000多年以前，这里还是一片荒凉，水灾、旱灾十分严重。直到秦昭王末年（约公元前256—前251年），一座巨大的水利工程在成都平原西部的岷江上兴建起来，它不但完美地解决了洪水泛滥的问题，而且灌溉出成都平原的万亩良田，让其成为誉满中外的"天府之国"。

这个工程就是都江堰，它也因此被誉为"天府之源"。

都江堰坐落在四川省都江堰市城西的岷江上，是世界上现存年代最久的水利工程，距今已经有2000多年的历史。

当时，这里属于战国七雄中秦国的疆域。因为地势西北高、东南低，所以从岷山发源的岷江水流湍急，急速而下，可是进入成都平原后，地势迅速变缓，造成泥沙不断堆积，河床不断升高，岷江跟黄河一样成为"悬河"。

同时，江水被东边的玉垒山挡住，无法向东流，这样特殊的地理环境导致2000多年前的成都平原连年东旱西涝，当地百姓的生活极其艰难。因此，征服岷江便成为当时蜀地人民最迫切的愿望。

公元前256年，秦昭王任命李冰为蜀郡太守，李冰的主要任务就是治理水患。

其实，在都江堰修建之前，蜀地人民对岷江的开发和利用已有很多尝试。比如，在岷江的出峡口依着水势，开凿出一条支流，进行分流减灾。

经过多方考察，李冰在前人经

李冰

验的基础上，带领当地民众"凿离堆，辟沫水之害"，将离堆余脉凿开一道约20米宽的引水口，这既可以分洪减灾，又能引水灌溉成都平原。同时壅江作堋，就地取沙石修筑长堤。历经多年的艰苦努力，他们终于建成了堪称世界奇迹的宏伟工程——都江堰。

都江堰的建成，既解决了岷江洪水泛滥的问题，也灌溉了成都平原的万亩良田；同时纵横交错的河道构造起强大的航运网络，为成都平原的经济发展提供了有利条件。可以说，有了都江堰，成都平原才有了"天府之国"的美誉。都江堰是"天府"富庶之源，至今仍发挥着无可替代的巨大作用。

超级工程都江堰

都江堰位于岷江的中游地段，地处岷江由河谷处进入成都平原的交界处，这里是分流引水的最佳位置。整个工程主要由鱼嘴、飞沙堰和宝瓶口3个部分组成。

鱼嘴

飞沙堰

宝瓶口

鱼嘴、飞沙堰和宝瓶口相互制约，协调运行，共同发挥着泄洪、分水、排沙、灌溉等重要作用，为"天府之国"的繁荣兴盛奠定了重要基础。

鱼嘴

鱼嘴是在岷江江心修筑的一座形似鱼嘴的分水堤坝，它的主要作用是分流。

鱼嘴将岷江水分为两支，东边是河床窄而深的内江，西边是河床宽而浅的外江。这样的设计保证了冬春季节水量较少的时候，约六成的江水流入河床低的内江，以满足成都平原东部地区的正常灌溉和生活需求；而当夏秋季来临、水量增加时，约六成的江水便从外江排走，避免了成都平原发生洪灾。

飞沙堰

飞沙堰修筑在鱼嘴的尾部，是内江进入宝瓶口的急转弯处的一座低矮堰坝，它的主要作用是泄洪和排沙。

在洪水季节，当内江的水量超过宝瓶口流量上限时，江水便自动从飞沙堰顶部漫过，进入外江；如遇特大洪水，飞沙堰还会自行溃堤，让大量江水流到外江，起到泄洪的作用。同时，大量水流经过弯道流入宝瓶口时，会因为弯道而形成环流，加上宝瓶口的制约，就会产生巨大的漩涡。因此，从上游携带来的大量泥沙甚至巨石都会被"抛"出飞沙堰，大大减少了宝瓶口内的泥沙淤积。

宝瓶口

宝瓶口因形似瓶口而得名，它具有引水的功能。

它的作用是将岷江的水引到成都平原东部，灌溉东部良田的同时减少夏季西部的水灾。在考察都江堰的地形后，李冰发现位于岷江左岸的玉垒山阻挡了岷江水向东流，这是成都平原东旱西涝的"罪魁祸首"。他利用热胀冷缩的原理，使坚硬的岩石爆裂。经过几年的艰苦奋斗，人们终于在玉垒山凿出了一道宽20米的缺口，自此，江水顺势东流，灌溉了成都平原东部的万亩良田。

都江堰并非是修建完成之后就可以一劳永逸的工程。它之所以能够持续造福"天府之国"2000多年，是因为世世代代的人民对它坚持不懈的维护。

岁修

最初，在修建都江堰时，李冰在江中放置了石马。每年，当水位下降，石马露出水面时，他就带领人们清理河床的淤泥，对都江堰的堤坝进行维护，后人将这称为"岁修"。

为了保障都江堰的正常运行，历朝历代都非常重视岁修。汉灵帝在位时，设置了"都水掾"和"都水长"两个职官，专门负责维护都江堰。

三国时期，诸葛亮高度重视都江堰，设立专职的堰官，对都江堰进行经常性的管理维护，开创了以后历朝设专职水利官员管理都江堰之先河。

到了宋朝，岁修制度更加完善。每年立冬之后，正是都江堰的枯水期，也是农事生产的闲暇时期，官员便组织当地百姓对都江堰进行清理和修复。

柔作与坚作

从秦朝开始，人们修护堤堰一直采用"柔作"的方式，即用竹子编成长圆形的笼子，笼子里装满沙石，砌成堤堰。但由于时间久了，再加上水流冲刷，竹笼很容易破损断裂，堤堰经常被冲塌，人们每年都需要更换竹笼、加固堤堰。

特别是到了元朝，经过1000多年的使用，都江堰已经毁坏严重，每年要修护的堤防多达130余处，需要大量人力、物力，劳民伤财。

于是，当时的四川肃政廉访司事吉当普提出了"以铁制堰""砻石护堤"的综

合治理方案。"在要害的江段，两岸都砌筑鹅卵石，中间加铁筋连固，表江石以护之，上植杨柳，旁种蔓荆，栉比鳞次，赖以为固"，人们称之为"坚作"。

　　这种方式彻底改变了以往修治后数月就无法使用的情况，使都江堰维持了将近40年无大修的局面。

　　都江堰实现了人、地、水三者高度协调统一，是一项伟大的"生态工程"。经过2000多年的历史洗礼，它依然以汩汩清泉灌溉着成都平原，滋养着独特的巴蜀文化，在世界水利工程史上绽放异彩。

马可·波罗游览都江堰

　　元世祖至元年间（1264—1294年），意大利旅行家马可·波罗从陕西汉中辗转来到都江堰，游览多日。后来他在《马可·波罗行纪》一书中这样描绘都江堰："都江水系，川流甚急，川中多鱼，船舶往来甚众，运载商货，往来上下游。"从这段记载，我们可以看出都江堰对于成都平原的重要意义。

李希霍芬将都江堰推向世界

　　清朝同治年间（1862—1874年），都江堰又迎来了德国地理学家李希霍芬。他在《李希霍芬男爵书简》一书中专门用一章内容详细介绍了都江堰，盛赞它"灌溉方法之完美，世界各地无与伦比"。可以说，李希霍芬是把都江堰详细介绍给世界的第一人。

关于都江堰，千百年来民间流传着许多传说，这些传说为都江堰增添了许多神秘色彩。

李冰斗恶龙

古时候，岷江里出了一条恶龙，动不动就兴风作浪。每年的六月二十四，恶龙都要求百姓送上猪、牛、羊，祭献给自己，否则就降下洪水。每隔三年，它还要求百姓送上一对童男童女，百姓苦不堪言，但又无可奈何。

太守李冰知道后，派他的儿子李二郎去一探究竟。二郎来到玉垒山，将整件事情了解清楚后返回家中，将打听到的消息告诉了父亲。

父子二人商量后，决定收服恶龙。这一年的六月二十四到了，李冰告诉大家，他要亲自祭祀恶龙。

人们像往常一样，在江神庙内摆好祭坛，献上供品，请来一拨吹鼓手，吹吹打打。不一会儿，恶龙来了，只见它一进庙门，就先围着童男童女看了又看，总觉得今年的这两个都不像小孩儿，有一个好像还长有三只眼睛。恶龙有点儿心虚，转身想溜。

这时，装扮成童女的二郎，三只眼睛一齐睁开，"唰"的一声亮出了三尖两刃刀，与恶龙战在一起。一场恶斗下来，恶龙身负重伤，向南逃去。二郎在后面紧追不舍，一直追到青城山，却不见恶龙的踪影。

二郎累坏了，坐在一块大石头上休息。这时，来了一位老婆婆。老婆婆得知二郎是李冰的儿子，为捉恶龙来到此地，于是煮了一大锅面条让二郎填饱肚子。不久，化作人形的恶龙也来到老婆婆家，向老婆婆乞求食物充饥。

老婆婆一眼就认出了恶龙，于是也煮了一锅面条让它吃。谁知，面条到了恶龙的肚子里，都变成了带铁钩的链条，将恶龙锁了起来，恶龙只得束手就擒。

二郎带着恶龙返回岷江，将它锁在离堆下的伏龙潭中，让它为当地百姓吐水灌溉。

从此，岷江流域再无水患，风调雨顺，百姓安居乐业。

后来，人们为了纪念李冰父子，在这附近建立祠堂，称为"伏龙观"。

你还知道哪些关于都江堰的传说？讲给我们听吧。

在我国几千年的辉煌历史中，勤劳、勇敢、聪慧的先民，修建了许多闻名世界的超级工程。

中国最古老的灌溉系统——坎儿井

坎儿井是干旱地区的劳动人民创造的一种地下水利工程，主要分布在我国的新疆地区。它的主要工作原理是将春夏季节渗入地下的大量雨水、冰川及积雪融水，通过山体的自然坡度引出地表进行灌溉，以满足沙漠地区人们的生产生活用水需求。

世界上最长的人工运河——大运河

大运河是世界上里程最长、工程量最大的古运河之一，至今已有2500多年的历史。

世界上最长的军事防御工程体系——万里长城

万里长城是我国古代先民为抵御北方游牧民族南下而修建的军事防御工程体系。中国历朝历代都修建过长城，这些长城加起来总长度超过2万千米，是世界上最长的军事设施。

你还知道哪些古代的超级工程？告诉我们吧。

黄鹤楼

课本里的黄鹤楼

《黄鹤楼送孟浩然之广陵》唐·李白

故人西辞黄鹤楼，烟花三月下扬州。

孤帆远影碧空尽，唯见长江天际流。

——四年级上册

相关名家名篇

曾将黄鹤楼上吹，一声占尽秋江月。——刘禹锡《武昌老人说笛歌》

苍龙阙角归何晚，黄鹤楼中醉不知。——陆游《黄鹤楼》

却归来、再续汉阳游，骑黄鹤。——岳飞《满江红·登黄鹤楼有感》

上榜理由：天下江山第一楼

"昔人已乘黄鹤去，此地空余黄鹤楼。"

"故人西辞黄鹤楼，烟花三月下扬州。"

1000多年前，诗人崔颢、诗仙李白留下的这两句脍炙人口的诗句，让黄鹤楼名扬天下。即使你没去过黄鹤楼，也应该会吟诵这两句古诗。

从那时起，无数文人墨客争相来到黄鹤楼，描绘黄鹤楼，留下了数不清的诗词曲赋。这些华丽的文字赋予了黄鹤楼深厚的文化内涵，更为它赢得了"天下江山第一楼"的美誉。

黄鹤楼位于湖北省武汉市长江南岸的蛇山之巅。它的前面，是波涛汹涌的长江；它的背后，是万户林立的武昌城；它的对面，是素有"楚天第一名楼"之称的晴川阁。登上黄鹤楼，武汉三镇的风光尽收眼底。

蛇山，在古时候又叫黄鹄山、黄鹤山，黄鹤楼这个名字就来源于此。

关于黄鹤楼的来历，还有很多美丽的传说呢。

关于黄鹤楼的传说，最早可以追溯到南北朝时期。传说，仙人王子安曾经骑着仙鹤经过这里，所以人们才给这座楼取名黄鹤楼。

到了唐朝，人们把这个故事和三国时期蜀国的大臣费祎联系到了一起。阎伯理在他的《黄鹤楼记》里说：费祎死后成仙，经常骑着黄鹤在这里休息，于是人们就把这座楼取名为黄鹤楼。

到了明清时期，黄鹤楼又和八仙之一吕洞宾产生了联系。

传说有一天，吕洞宾来武昌城游玩，他登上蛇山举目四望，只见江水滔滔，雄伟壮丽，心想要是在山上修一座高楼，站在上面观看四周的美景，不是更好吗？

吕洞宾正在发愁如何修楼，突然听到空中传来一阵鸟叫。他抬头一看，见鲁班正骑着一只木头做的仙鹤朝他笑呢。吕洞宾急忙迎上去，把修楼的想法和鲁班说了一遍。

鲁班朝四周打量了一会儿，说："咱们明天早上再商量吧。"

第二天，天还没亮，吕洞宾就急急忙忙上了蛇山，只见一座雕梁画栋的高楼已经立在山顶了。原来鲁班造好了高楼就离开了，只留下那只木头仙鹤。

吕洞宾开心地取出一支洞箫对着江水吹了起来。奇怪的事情发生了，那只仙鹤竟然随着箫声跳起舞来。吕洞宾翻身骑到仙鹤背上，仙鹤腾空而起，绕着高楼飞了三圈，钻到白云里去了，只留下了高楼，就是黄鹤楼。

不过，这些都是神话传说。最初修建黄鹤楼，是出于军事上的需要。三国时期，孙权在夷陵之战中大败刘备，把统治中心从南京迁到了长江上游的鄂州，并下令在鄂州的东北方向修筑夏口城。随后，他又命人在夏口城的西南角修建一座楼，用于瞭望戍守，这座楼就是黄鹤楼。

后来，随着朝代更迭，黄鹤楼的军事作用慢慢弱化了，逐渐成为文人墨客宴客会友、吟诗作对的游览胜地。

从历代文人吟诵黄鹤楼的诗词中，我们只知道黄鹤楼建在江边，地理位置十分险要。但它究竟是什么样子的，史书上并没有记载。我们现在能了解到的黄鹤楼最早的样子，是在唐朝。

据考证，唐朝的黄鹤楼，前临长江，对面是鹦鹉洲，整体建筑以红色为主，古色古香，是当时荆吴形胜之最。

唐朝黄鹤楼

唐朝 · 宋朝 · · · · · · · · · · · · · · · · 元朝 · · · · · · · ·

宋朝的黄鹤楼一改唐朝时的阁楼样式，变成了一个庭院式的建筑群，由楼、台、轩、廊组合而成，建在高台之上，中间是二层的主楼，四周环绕着回廊画亭。登上主楼，可以眺望长江，沿江美景一览无余。

元朝黄鹤楼

元朝的黄鹤楼在布局方面与宋朝相比有了很大的发展。在主楼之外，还建了一座观景高台，通过一座旱桥和主楼相连。各个建筑之间还种了很多植物，配上假山奇石，显得富丽堂皇。

宋朝黄鹤楼

明朝的黄鹤楼是一个皇家园林与江南园林相结合的建筑群。主楼内被分隔成雅室，宽敞明亮，可以用来摆设宴席、题诗作画。主楼前有个小方厅，周围还有涌月台、仙枣亭等附属景点。

现代黄鹤楼

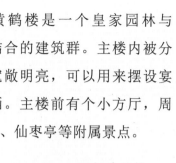

明朝黄鹤楼

我们现在看到的黄鹤楼，是1985年以同治楼为原型重建的，但更加宏伟高大。整座楼采用钢筋混凝土框架仿木结构，楼体通高51.4米；5层飞檐，攒尖楼顶，顶上覆盖金色琉璃瓦。楼外还建造了胜像宝塔、牌坊、轩廊、亭阁等一大批附属景观，将主楼烘托得更加壮丽。

········明朝········　　　　　　　　清朝　　　　　　　　　现代········▶

清朝曾多次重修、扩建黄鹤楼，其中规模最大的一次重建是在1868年，当时是同治七年，因此这座楼又被称为"同治楼"。重建后的黄鹤楼分3层，高约24米，周围还有很多附属景点，前面是波涛汹涌的长江，宏伟壮丽。

尽管黄鹤楼名气很大，但它仍然逃不过屡毁屡建的命运。据统计，仅明清两朝，黄鹤楼就被毁了7次，重建和维修更是达到了10次。

清朝黄鹤楼

诗词

崔颢

很多人知道黄鹤楼，都是因为崔颢和李白的那两首诗。

特别是李白，他在很多诗里都提到过黄鹤楼。除了"故人西辞黄鹤楼"，还有"黄鹤西楼月，长江万里情""黄鹤楼中吹玉笛，江城五月落梅花"……足见他对黄鹤楼的喜爱。

唐朝的很多大诗人，如孟浩然、王维、贾岛、韩愈、白居易等，都写过关于黄鹤楼的诗句。到了宋朝，这个队伍更加壮大，包括苏轼、陆游、岳飞、范成大……现在，黄鹤楼的三楼绘制着一幅巨大的唐宋名人壁画，上面还有很多他们吟咏黄鹤楼的名句呢。

李白

对联

苏轼

除了题诗，古代人还有一个爱好：写对联。

黄鹤楼的对联也是一绝。

走进黄鹤楼一楼大厅，一眼就可以看到两根高大的立柱上悬挂着长达7米的巨大对联：爽气西来，云雾扫开天地憾；大江东去，波涛洗净古今愁。

书画

米芾

所谓诗文书画，黄鹤楼当然也少不了书画。关于黄鹤楼的书法，最著名的就是"北宋书法四大家"之一米芾题写的"天下江山第一楼"。如今，这几个字就被刻在黄鹤楼南大门的城楼墙上。

有关黄鹤楼的绘画作品里，最有名的是宋朝无名氏创作的界画《黄鹤楼图》，这也是历史上最早的一张描绘黄鹤楼的图画。正是通过这幅画，我们才看到了1000多年前黄鹤楼的样子。

　　下面是描写黄鹤楼的一副对联，里面还藏着好些典故呢，你能找出来吗？

　　上联：数千年胜迹，旷世传来。看凤凰孤岫、鹦鹉芳洲、黄鹤渔矶、晴川杰阁，好个春花秋月，只落得剩水残山。

　　极目古今愁，是何时崔颢题诗，青莲搁笔？

　　下联：一万里长江，几人淘尽？望汉江夕阳、洞庭远涨、潇湘夜雨、云梦朝霞，许多酒兴风情，尽留下苍烟晚照。

　　放怀天地窄，都付与笛声缥缈，鹤影蹁跹。

青山万古长如旧，
黄鹤何年去不归。
——贾岛

江边黄鹤古时楼，
劳置华筵待我游。
——白居易

城下沧江水，
江边黄鹤楼。
——王维

黄鹤楼和湖南岳阳楼、江西滕王阁、山西鹳雀楼，并称为"中国四大名楼"。

黄鹤楼

黄鹤楼

四大名楼中年龄排行第二，始建于三国时期。

代表名句：

黄鹤楼中吹玉笛，江城五月落梅花。——李白

昔登江上黄鹤楼，遥爱江中鹦鹉洲。——孟浩然

岳阳楼

岳阳楼

四大名楼中个子最矮，只有19.72米。

代表名句：

昔闻洞庭水，今上岳阳楼。——杜甫

先天下之忧而忧，后天下之乐而乐。——范仲淹

滕王阁

滕王阁

四大名楼中年龄最小，始建于唐朝。

代表名句：

落霞与孤鹜齐飞，秋水共长天一色。——王勃

路人指点滕王阁，看送忠州白使君。——白居易

鹳雀楼

四大名楼中个子最高，高达73.9米。

代表名句：

欲穷千里目，更上一层楼。——王之涣

鹳雀楼西百尺樯，汀洲云树共茫茫。——李益

鹳雀楼

莫高窟

课本里的莫高窟

《莫高窟》佚名

敦煌莫高窟是祖国西北的一颗明珠。她坐落在甘肃省三危山和鸣沙山的怀抱中，四周布满沙丘，492个洞窟像蜂窝似的排列在断崖绝壁上。

…………

莫高窟是举世闻名的艺术宝库，这里的每一尊彩塑、每一幅壁画，都是我国古代劳动人民智慧的结晶。

——五年级上册

相关名家名篇

佚名《敦煌廿咏 其三 莫高窟咏》　　杨慎《敦煌乐》

季羡林《在敦煌》　　余秋雨《莫高窟》

上榜理由：祖国西北的一颗明珠

在中国的大西北，沿着古老的丝绸之路，一直走到河西走廊的最西边，就会看到一座连绵起伏的山脉，它就是鸣沙山。在鸣沙山的东面，一眼望去，从南到北1600多米的断崖上布满了大大小小的"窟窿"，这就是举世闻名的莫高窟。

莫高窟是我国著名的四大石窟之一，也是世界上现存规模最宏大、保存最完好的佛教艺术宝库，被誉为"祖国西北的一颗明珠"。

莫高窟位于甘肃省敦煌市东南方向的鸣沙山东麓。在它的前面，是一条清澈的小溪，即宕泉。平时，宕泉的水流很小，但每到涨水的季节，它就会变成一条宽阔的河流，从莫高窟前面蜿蜒流过，守护着这座千年宝藏。

传说，1600多年前，僧人乐僔就是站在宕泉河谷的悬崖上，看到对面三危山上的万道金光，才在山脚的崖壁上开凿了第一个洞窟。

说起来，为什么开凿洞窟，而不是建庙建塔呢？其实，窟是一种佛教的建筑形式，来源于印度。佛教讲究隐世修行，于是那些僧侣就选择在一些偏僻的崖壁上开凿洞窟，进行修行。后来，佛教传到中国，人们开始大规模地开凿这种洞窟，慢慢地就形成了许许多多著名的洞窟建筑。莫高窟只是其中之一。

自从乐僔在鸣沙山开凿出第一个

洞窟后，人们陆陆续续来到这里，修建洞窟。

如果你来到敦煌，步入莫高窟，就会看到大大小小的洞窟在眼前铺展开来。这些洞窟分布在15～30米高的断崖上，从南到北全长1680米，上下分布1～4层不等。

这些洞窟中，最大的有200多平方米，最小的还不足1平方米。不论大小，大多数洞窟都有彩绘的佛祖、菩萨、金刚力士，墙上还绘着精美绝伦的壁画。难怪，人们又把莫高窟称为"千佛洞""沙漠中的美术馆"。

不过，由于时间和战乱，很多洞窟都消失了。莫高窟现存的洞窟只有735个，分为南北两个区，南边是礼佛活动区，北边则是当时僧人的生活区。

这片洞窟为什么叫作"莫高窟"呢？

第一种说法：因为莫高窟周围都是沙漠，并且比其他地方高出近百米，位于"沙漠的高处"；又因为在古代汉语中，"漠"和"莫"是通用的，所以就叫作"莫高窟"。

第二种说法：古时候，鸣沙山还有一个名字，叫作"漠高山"，建在漠高山上的洞窟，当然就是"莫高窟"了。

第三种说法：唐《李君莫高窟佛龛碑》记载：继乐僔后，又有一个僧人法良云游至此。他将这里命名为"漠高窟"，后改为"莫高窟"。

莫高窟并不是一朝一夕建成的，而是经历了漫长的过程。

366 年

366年，一个名叫乐僔的僧人云游到了鸣沙山。当时正是黄昏，太阳的余晖映照在对面的三危山上，夕阳中的三危山发出万道金光。金光中，宝相庄严的菩萨、怒目而立的力士、随风而舞的飞天仙女……一个接一个地闪现。乐僔被眼前的奇景震撼了，这不就是自己寻找了许久的佛祖灵光吗？于是，他决定留在这里。

随后的日子里，乐僔四处化缘，请来工匠，在峭壁上开凿了一个洞窟。莫高窟的第一个洞窟，就这样诞生了。

● 366 年 ·· 420—581 年 ··············

420—581 年

这是中国历史上的南北朝时期，当时的统治者崇信佛教，洞窟建造得到王公贵族们的大力支持，人们凿窟供佛的热情越发高涨，莫高窟也在这个阶段得到了迅速的发展。

525年，莫高窟迎来了一位贵族——东阳王元荣，他被任命为敦煌的地方长官。元荣是北魏皇族，也是一个虔诚的佛教徒。他在治理敦煌的近20年间，不但开凿了很多洞窟，而且命人大量抄写经文，对敦煌佛教艺术的发展做出了重要贡献。

581—618 年

到了581年，隋朝建立。由于国力强盛，隋朝开凿的洞窟规模有了显著的提升。隋朝存在的时间虽短，但它在莫高窟留下了100多个洞窟，为历代开窟频率之最。

618—907 年

隋朝只存在了30多年就灭亡了，紧随其后的是强大的唐朝。唐朝时的莫高窟真正迎来了"高光时刻"。洞窟开凿得越来越多，在武则天时期已经达到了千余个，"千佛洞"这个名字也是这时候流传起来的。唐朝开凿的洞窟不但多，而且大，我们熟悉的九层楼（第96窟）就是唐朝时期开凿的。

581—618 年 ········· 618—907 年 ········ 960 年—20 世纪初 ·····▶

960 年—20 世纪初

北宋时期，理学盛行，佛教被边缘化，新洞窟开凿得越来越少。到了元朝，随着海上丝绸之路的兴起，陆上丝绸之路渐渐被湮没在历史长河中。莫高窟也日渐衰落，除了修补前朝的洞窟，几乎已经没有人新建洞窟了。

明朝嘉靖年间，嘉峪关封闭，敦煌成为边塞游牧的地方，莫高窟也被遗忘在了断崖上。直到1900年，一位名叫王圆箓的道士，偶然发现一面描绘着精美壁画的墙上有个小门，打开后才发现里面竟然是一个隐秘的世界，这就是后来举世闻名的藏经洞。

虽然名字叫"窟",但不是随便挖个窟窿就行。莫高窟的"窟",从建筑到形式,可谓多种多样。

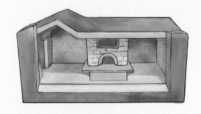

中心塔柱窟

中心塔柱窟是莫高窟早期流行的洞窟样式。中心供奉着描绘佛像的塔柱,供修行者绕塔观像礼佛。

殿堂窟

殿堂窟又叫"中心佛坛窟""佛殿窟",中心有佛坛,坛上塑有佛像,是修行礼佛的场所。

覆斗顶形窟

覆斗顶形窟因为窟顶的形状像覆斗而得名,是莫高窟的主要形式。

涅槃窟

涅槃窟是以涅槃像为主体的洞窟,佛像侧卧,前面没有遮挡。在莫高窟,只有第148窟和第158窟是涅槃窟,都是唐朝时期建造的。

禅窟

禅窟是供僧人禅修的洞窟,有单室的,也有多室的,僧人们在这里静坐冥思,潜心修行。

除了上面这几种形式,莫高窟的洞窟还包括因修建有巨大弥勒佛而得名的大像窟、供僧人生活起居的僧房窟、安葬僧人尸骨的瘗窟等。

彩塑莫高窟

莫高窟是世界上现存规模最大、内容最丰富的佛教艺术圣地，较能体现这个特点的，就是那些千姿百态的彩塑。

力士像

力士是佛教中的护法神。莫高窟的力士像，大多数祖裸上身、筋骨暴起、腰系战裙，一副凶狠的样子。

天王像

佛教传说中，有四大护法天神，负责守护一方，称为"四大天王"。在莫高窟彩塑中，他们常常和力士像一起出现。

弟子像

弟子，就是佛家弟子。莫高窟的弟子像多以和尚的形象出现。

菩萨像

在莫高窟，最多的就是菩萨彩塑。菩萨像面相圆润，眉目间似笑非笑，神情恬静慈祥。

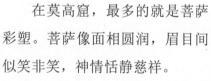

佛像

在莫高窟中，几乎每一个洞窟内都有佛像。这些佛像千姿百态，有站着的，有坐着的，还有卧着的。其中第96窟的弥勒佛是莫高窟第一大佛，高35.5米。

美妙绝伦的壁画是莫高窟最富有艺术特色的标志之一。在现存的735个洞窟中，有492个洞窟的墙壁上都绘制着色彩明丽的壁画，使莫高窟成为当之无愧的"沙漠中的美术馆"。

佛经故事是莫高窟壁画中非常重要的一个主题，大多情节曲折，表现形式丰富。我们熟悉的《鹿王本生》位于第257窟，它描绘的就是九色鹿的故事。

除了佛经故事，在莫高窟壁画中，你还可以找到很多历史故事的壁画，比如《张骞出使西域》。

山水风景画也是莫高窟壁画的一种类型，它们大多与故事画融为一体，起到陪衬作用。

莫高窟壁画中还有大量菩萨、飞

《鹿王本生》绘于第257窟西壁，为横卷式连环画，由左右两端开始，中间结束。

《飞天》

天、伎乐天、药叉等形象。特别是那些遍布各个洞窟的飞天，有的脚踏祥云，有的手捧鲜花，有的腾空而起，衣带飘飘，轻盈妩媚，潇洒动人。

如果你觉得莫高窟壁画只有这些内容，那就错了。莫高窟壁画里还有很多表现日常生活的场景呢。

比如第23窟的《雨中耕作图》，一位农民正在赶着牛辛苦耕作；再如第12窟的《嫁娶图》，新郎和新娘都穿着礼服，正在拜堂成亲。

当然了，位于西北重镇，莫高窟壁画里又怎么少得了行军图呢？比如第156窟的《张议潮统军出行图》，就形象生动地展现了一支威仪赫赫的军队。

对了，莫高窟壁画里还展现了运动会呢。如第61窟的《舞剑图》、第290窟的《摔跤图》、第420窟的《游泳图》……

除了上面提到的这些，莫高窟的石壁上还有很多描绘佛寺、宫阙、酒馆等各种建筑以及舟、船、车等各式各样交通工具的画，还有人物画、动物画、装饰图案画等。

现在，你知道"沙漠中的美术馆"这个名字的来历了吧？

《雨中耕作图》

《嫁娶图》

《张议潮统军出行图》

《摔跤图》

如果有一天你到了莫高窟，下面这些洞窟，建议你一定要去看看。

第3窟：建于元朝，是元朝晚期最重要的洞窟，也是莫高窟现存唯一以观音为主题的洞窟。

第17窟：即举世闻名的敦煌藏经洞，建于晚唐，里面有文物及文献资料共5万多件，为研究莫高窟提供了极其珍贵的历史资料。

第96窟：建于初唐，外面是红色的木质结构，足足有9层楼阁，是莫高窟最大的建筑，也是莫高窟的标志性建筑。

第254窟：建于北魏时期，是莫高窟最早的中心塔柱式洞窟。

第285窟：开凿于西魏大统年间，是莫高窟中最早有纪年的洞窟。

关于莫高窟的洞窟就介绍到这里。如果有一天你能亲身游览莫高窟，记得把让你印象最深的洞窟补充到这里哟。

赵州桥

课本里的赵州桥

《赵州桥》茅以升

赵州桥非常雄伟。桥长五十多米，有九米多宽，中间行车马，两旁走人。这么长的桥，全部用石头砌成，下面没有桥墩，只有一个拱形的大桥洞，横跨在三十七米多宽的河面上。

…………

赵州桥体现了劳动人民的智慧和才干，是我国宝贵的历史文化遗产。

——三年级下册

相关名家名篇

驾石飞梁尽一虹，苍龙惊蛰背磨空。
坦途箭直千人过，驿使驰驱万国通。
云吐月轮高拱北，雨添春色去朝东。
休夸世俗遗仙迹，自古神丁役此工。

——杜德源《安济桥》

上榜理由：天下第一桥

在河北省赵县城南的洨河上，有一座世界上现存最古老的大跨径石拱桥。它气势宏伟、造型优美，横卧在洨河之上，远远望去，好像初露云端的一轮弯月，又像雨后横挂天空的一道彩虹。它就是素有"天下第一桥"之称的安济桥，也就是我们所说的"赵州桥"。

赵州桥位于河北省赵县，因桥体全部用石头砌成，所以当地人称它为"大石桥"。它的官方名字则是"安济桥"。据说，这个名字是宋哲宗亲赐的，意思是"安渡济民"。又因为赵县古称赵州，所以它也被称为"赵州桥"。

589年，隋文帝杨坚结束了自西晋末年以来长达300多年的南北分裂、兵戈扰攘的局面，统一了全国。

当时的赵州是连接洛阳和涿郡的交通要道。但是，因为洨河的阻隔，特别是到了雨季，山洪暴发、河水泛滥，交通时常被迫中断，严重影响了人们的生活和经济的发展。于是，人们决定在洨河上建造一座大桥，以保证南北交通畅通无阻，而建桥的重任，就落到了工匠李春的身上。

关于李春的记载，最早见于唐朝中书令张嘉贞所著的《石桥铭序》："赵州洨河石桥，隋匠李春之迹也，制造奇特，人不知其所以为。"除此之外，人们遍寻史料，再也找不到关于李春生平的任何记载。

　　我们知道，在中国历史上，曾经有"将作大匠"这个官职，专门负责宫室、宗庙、陵寝，以及其他土木工程的营建。因此，有人推测，李春应该就是担任这类官职。

　　李春接到营建赵州桥的任务后，和其他工匠一起，总结前人经验，并从实际出发，大胆创新，隋大业元年（605年），这座世界桥梁史上的丰碑——赵州桥终于完工了。

　　整座大桥全长50.83米，桥面宽9米，净跨37.02米，是当时世界上跨度最大的单拱石桥。

　　从那时起，历经1400多年、数代王朝的更替，以及多次地震、战乱和无数人畜车辆的重压，赵州桥依旧巍然屹立在洨河上，当然中间也有过多次维修。

李春

　　赵州桥自建成后，历朝历代均有过整修，最近的一次大规模维修是在20世纪50年代。这次修缮更换了赵州桥的一些构件，加入了现代工艺技术，而那些被替换下来的栏板、构件，则被收藏到赵州桥景区陈列室，供人们参观，向人们展示古人的智慧。

赵州桥为什么经历了1400多年仍然屹立不倒？原因就在于它在建造上的奇迹。

奇迹一：扁弧拱券

我国古代建造比较长的桥梁，一般采用多孔的形式。但是，多孔桥的桥墩很多，不利于舟船航行，也容易妨碍洪水排泄。于是，李春在设计赵州桥时，便决定采用单拱的形式，可问题又来了。

当时的拱形建筑一般都是半圆形，但这种形式只适用于跨度比较小的桥梁。而赵州桥的跨度超过37米，如果采用半圆形的拱券，拱顶高度将接近20米。桥高坡陡，不但不便于行人、车马上桥，也不利于施工安全。

针对这个问题，李春和工匠们将赵州桥的拱高降到约7.2米，形成了一个扁弧形的拱券。这样不但降低了桥面的坡度，增强了桥身的稳定性，还节省了石料和人力，可以说是一举多得。

奇迹二："敞肩型"设计

古时候的洨河，每到雨季水势就很大。为了提高泄洪能力，减轻由于水量增加而对大桥产生的冲击，李春独具匠心，在大拱券的两端分别设置了两个小拱，形成了"大拱+小拱"的"敞肩型"设计。

"券"指的是桥梁、门窗等建筑物上砌成弧形的部分。

散肩拱

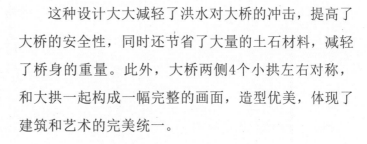

这种设计大大减轻了洪水对大桥的冲击，提高了大桥的安全性，同时还节省了大量的土石材料，减轻了桥身的重量。此外，大桥两侧4个小拱左右对称，和大拱一起构成一幅完整的画面，造型优美，体现了建筑和艺术的完美统一。

奇迹三：并列式砌置法

石拱的砌置方法一般有两种。一种是纵连式，就是像砌墙那样，一层一层往上砌，各层的石块相互交错，形成整体，非常牢固。

纵连式

另一种是并列式，就是并排砌成许多道窄券，再把这些窄券合成一个整体。赵州桥采用的就是并列式砌置方法。工匠沿着大桥宽度的方向，先砌成28道独立的小券，再将其用铁钉相连，形成一道宽度将近10米的大券。

用并列式修造的窄券，即使有一道坏了，也不会牵动全局，修补起来很容易，而且修补时也不会影响桥上交通。

并列式

　　"赵州桥，鲁班爷修，玉石栏杆圣人留。张果老骑驴桥上走，柴王爷推车轧了一道沟……"虽然我们知道赵州桥是在李春的监造下完成的，但在民间，关于赵州桥的来历却有一个神奇的传说。

　　相传，鲁班和他的妹妹鲁姜周游天下，到赵州时，被一条白茫茫的大河拦住了去路。河边人群熙熙攘攘，争着过河进城，但河里只有两只小船往返摆渡，半天也过不了几个人。

　　鲁班看了问道："你们怎么不在河上修座桥呢？"

　　人们都说："这河又宽、水又深、浪又急，谁敢修呀？打着灯笼，也找不着这样的能工巧匠！"

　　鲁班听了心里一动，和妹妹鲁姜商量好，要为来往的行人修两座桥。

　　二人决定比赛，鲁班修大石桥，鲁姜修小石桥。

　　鲁班和鲁姜修筑的这两座石桥，一大一小，都很精美。鲁班修的大石桥，气势雄伟，坚固耐用；鲁姜修的小石桥，精巧玲珑，秀丽喜人。

　　赵州一夜修起了两座桥，第二天就惊动了附近的州衙府县。人人看了，人人赞美。能工巧匠来这里学手艺，巧手姑娘来这里描花样。每天来参观的人，多得像流水一样。

　　这件事很快传到了八仙之一张果老的耳朵里。张果老心想，鲁班哪有这么大的本领？便邀柴王爷一起去探个究竟。

　　张果老骑着小黑毛驴，柴王爷推着独轮小车，两人来到赵州大石桥，正巧看见鲁班在桥头上站着，望着过来过往的行人笑。

　　张果老问鲁班："这桥是你修的吗？"

　　鲁班说："是呀，有什么不好吗？"

　　张果老指了指自己的小黑驴和柴王爷的独轮车，说："我们俩过桥，这桥经得住吗？"

　　鲁班瞟了他俩一眼，说："大骡子大马、龙车凤辇都过得去，你们这小驴破车还过不去吗？"

张果老一听，心里不服气，觉得鲁班的口气太大了。于是，他施展法术聚来了太阳和月亮，放在驴背上的褡裢里。柴王爷则聚来五岳名山，装在独轮车上。两人微微一笑，推着车赶着驴，开始上桥。

他俩刚一上桥，眼瞅着大桥一阵颤动。鲁班吓坏了，急忙跳到桥下，伸手托住桥身，这才稳住了大桥。

张果老和柴王爷过了桥，张果老回头瞅了瞅大桥，对柴王爷说："不怪人称赞，鲁班修的这桥真是天下无双。"

柴王爷连连点头，对着才回到桥头的鲁班伸了伸大拇指，便离开了。鲁班瞅着他俩的背影，心里说："这俩人不简单哪！"

直到现在，赵州桥的桥面上还留着张果老骑驴留下的蹄印和柴王爷推车轧的一道沟。据说，桥下原来还有鲁班的手印，不过现在已经看不清了。

梁桥

西周春秋时期

古代桥梁的创始时期。这一时期除了原始的独木桥，主要有梁桥和浮桥两种形式。

秦汉三国时期

古代桥梁的创建发展时期。西汉前期形成了以砖石结构为主体的拱券结构，为后来拱桥的出现创造了条件。

隋唐两宋时期

古代桥梁发展的鼎盛时期。这个时期的中国桥梁在世界桥梁史上享有盛誉，赵州桥就是其中的典范。

元明清时期

古代桥梁发展的饱和期。这个时期的主要成就是对一些古桥进行了修缮和改造，并留下了许多修建桥梁的施工说明文献，为后人提供了大量文字资料。

现在

现在，我国的桥梁修建技术在全世界都处于领先地位，设计建造了各种各样的新式桥梁，如大跨度悬索桥、斜拉桥、刚架桥等。

浮桥

拱桥

土楼

课本里的土楼

《各具特色的民居》佚名

客家人是古代从中原繁盛的地区迁到南方的。他们的居住地大多在偏僻、边远的山区，为了防备盗匪的骚扰和当地人的排挤，便建造了营垒式住宅，在土中掺石灰，用糯米饭、鸡蛋清作黏合剂，以竹片、木条作筋骨，夯筑起墙厚1米、高15米以上的土楼。它们大多为三至六层楼，一百至二百多间房屋如橘瓣状排列，布局均匀，宏伟壮观。

——六年级下册

相关名家名篇

何葆国《土楼》

黄汉民《福建土楼：中国传统民居的瑰宝》

上榜理由：东方古城堡

俯瞰福建省西南部，在绿水环绕的山岭之间，错落有致地分布着几千座圆形或方形的建筑，远远看去，就像一个个大小不一的古城堡，这便是世界上独一无二的山区大型民居建筑——土楼。

土楼有着悠久的历史、奇巧的结构和齐全的功能，被誉为"东方古城堡"。

除了福建省，我国的广东省、江西省等地，也有土楼分布。

西晋末期，我国中原及北方地区战火频发、天灾肆虐，为了躲避战乱和饥荒，大批百姓背井离乡，举家迁移到南方。后来其中有一部分人来到赣南、闽西地区定居下来，被当地人称为"客家人"，意思就是外地搬来的人家。

当时的客家人定居的地区，经常有野兽出没，再加上盗匪猖狂，所以客家人就决定采取一个家族或几个家族聚居的生活方式，以增强防守，共同抗击外敌。

南方山区气候潮湿，土木遍地，客家人利用这些自然条件，就地取材，把中原传统的夯土技术加以创新和改造，建造了满足族人聚居生活和防御需要的土楼。

早期的土楼规模较小，结构也比较简单，形状基本为正方形、长方形，大多没有石砌墙基，装饰也比较粗糙。

到了明朝年间，随着经济发展，居民的生活水平逐渐提高，土楼建造也进入鼎盛时期。人们在土楼里增置了学馆、书院，以及用于举行各种庆典、文艺活动的戏台，并逐渐形成风气。这段时间，不少客家人参加科举考试取得功名，于是，他们便在当地大兴土木，土楼的建筑形式也变得更加讲究，开始追慕高贵豪华的气派。比如，他们对原来的"口字形"土楼进行扩建，改造成雍容华贵的"五凤楼"，并冠以"大夫第"等称号，以彰显其高贵地位及财富实力。

在各式各样的土楼群中，数量最多的是圆形土楼和方形土楼。那么，客家人为什么要将房子建成圆形和方形呢？

有一种说法：源自"天圆地方"的理念。在古人的传统观念中，天是圆的，地是方的，所以人们在建筑房屋的时候，认为只有圆楼、方楼是属于自己的天地。此外，圆形被认为具有无穷神力，能带来万事和合、子孙团圆。

　　还有一种说法：一开始的土楼多为方形，但后来人们发现方形土楼的角边更容易受损，降低了土楼抵御野兽和外敌袭击的功效。于是，人们便将角边去除，使其逐渐演变成了圆形土楼。

　　什么是夯土呢？夯土作为动词表示打夯，就是把泥土压实；作为名词指的是中国古代建筑的一种材料，即将自然状态的"生土"经过加固处理，变为"夯土"。

土楼的形态多种多样，有圆形、半圆形、方形、四角形、五角形等，各具特色，其中较有代表性的是五凤楼、方楼和圆楼。

最讲尊卑的五凤楼

五凤楼一般建造在地势平坦、经济富庶的地区。在所有的土楼中，五凤楼最接近古代中原建筑，带有显著的北方民居特点。五凤楼的屋脊飞檐大多数为5层，从整体上看就像一只展翅欲飞的凤凰。

五凤楼一般采用左右对称的形式。从远处望去，房屋一层高过一层，两侧是一字排开的横屋，中间从低到高分为下堂、中堂和后堂，寓意为长幼有序。在分配房间的时候，家族成员也要按照长幼尊卑的顺序，长者居于地位最高的后堂。

福裕楼

五凤楼中的"五凤"，分别对应着五种表示吉祥的鸟，同时也象征东、南、西、北、中五个方位。位于福建省龙岩市永定区高陂镇大塘角村的裕隆楼和湖坑镇洪坑村的福裕楼，都是五凤楼的代表。

和贵楼

数量最多的方楼

　　方楼是土楼中数量最多的一种，包括正方形、长方形、日字形、目字形等，看起来规规整整。方楼大多数为3~5层，内部由通廊连接在一起，一般只有一个大门开在正中央。门一关，内外隔绝，防卫功能非常强。不过方楼之间的内部布局、结构也有差异。

　　位于福建省漳州市南靖县梅林镇璞山村的和贵楼，是方楼的典型代表。和贵楼初建于清朝雍正年间，楼高21.5米，共5层，是福建土楼里个头儿最高的方楼，最多的时候有数百人居住在这里。

面积最大的圆楼

　　作为福建土楼中最著名的一种，圆楼巨大的规模是世界上绝无仅有的。

　　比起方楼，圆楼内部空间更大，直径一般为30~50米，个别甚至超过80米。从圆心出发，从内到外、从低到高，楼中有楼，环环相套，环与环之间以天井相隔，以廊道相通，宗族祖堂设于楼中心，正对着大门。

　　无论整体规模多大，圆楼里每个房间的大小几乎一样，体现了人人平等的和谐关系，这与五凤楼强调尊卑等级的理念正好相反。

　　位于福建省龙岩市永定区高头镇高北村的承启楼规模巨大、造型奇特，素有"圆楼之王"的美誉。

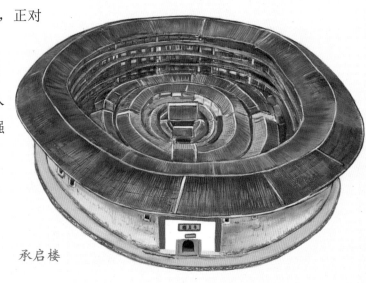
承启楼

土楼建造之初的主要功能是防御。如何才能使土楼长期抵抗住野兽的冲撞和敌人武器的袭击呢？客家人想出了许多妙招，使土楼拥有了强大的功能，对外能抵御强敌，对内能保障生活。

那么，土楼在建筑上都有哪些特殊的地方呢？

首先是作为第一道防线的外墙。土楼的外墙足足有1～2米厚，墙脚通常用大石块砌到最高洪水位以上，这样不仅能防洪，还能使外墙的墙脚更为坚实，敌人想从外面砸开都极其困难。

如果敌人不用砸的方法而是改挖地道呢？土楼外墙的石墙基一般有1米多深，有的甚至更深，敌人想挖地道进楼也很困难。

其次是又小又高的窗户。土楼的外墙虽然很厚，窗户却开得极小，一层和二层都没有窗户，三层及以上的墙面才有窗户。这些窗户距地面十几米，想爬上去绝非易事。就算敌人爬了上去也不用过度担忧，这些窗户内大外小，形状好似漏斗，易守难攻。守楼的人只要拿着武器在窗口守着，敌人就很难破窗而入。

此外，客家人还在门顶过梁上安置了防火的水槽，只要从二楼注水，水就会沿木门外墙流下，从而迅速浇灭大火。

土楼里还有逃生通道、传声洞等设施。走进土楼，就像走进一座暗藏机关的古城堡，令人不得不赞叹工匠们的精妙技艺。

平日里，土楼里的生活也很舒适。土楼通常有3～6层高，第一层不住人，而是用作厨房，第二层用作谷仓，第三层及以上才是卧房。

这样的布局很有讲究，厨房的烟熏烘烤可使谷物干燥、不易生虫，也能让冬天的土楼内院更加暖和。卧室布置在较高的楼层，干爽通风，采光

很多土楼都设有传声洞。平时，楼里的居民晚归敲门，楼里的人很难听见，这时只要对着传声洞喊一声，里面的人就能听到并出来开门。遇到敌人来犯，传声洞还能起到传递情报的作用。

也好。

　　几乎每座土楼的内院中都有水井。另外，因为规模大，楼内不仅能容纳一大家族的人，还能饲养家畜，备足柴草。因此，楼内日常生活的必需物资和设施应有尽有。在这冬暖夏凉的土楼里，人们足不出户也可以生活好几个月。

水井　　　　　　　　祖堂　　　　厨房　　　　　　谷仓

卧房

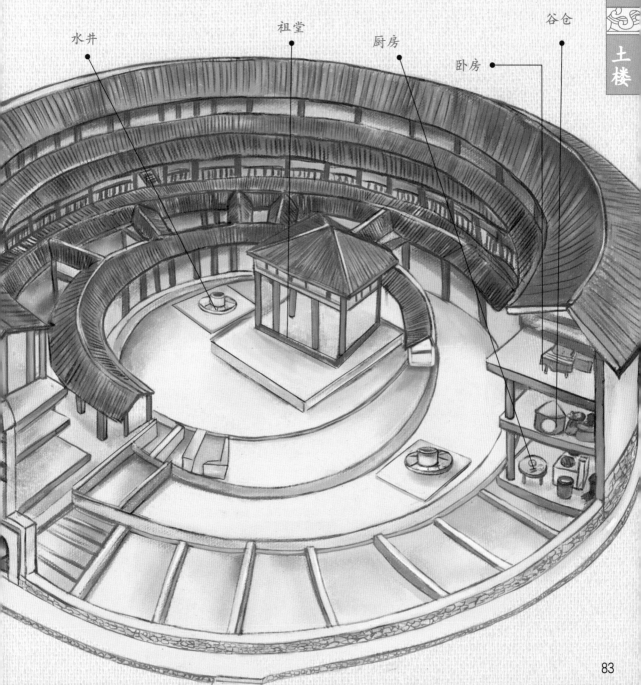

这样奇巧的土楼是怎样建造起来的呢？

选址

土楼宅址的选择非常讲究，一定要避开那些低洼、阴湿的地方，选择地势高、背山临水、绿荫环抱的地方。

设计

土楼的主人会先设想好土楼的大致框架，如形状、规模等，然后请来设计师、木匠、泥水匠等，谋划具体的事项。

建造

① 开地基

土楼的设计完成以后，选择一个良辰吉日动工挖槽，这就是"开地基"。土楼的基槽一般深0.6～2米。

② 打石脚

基槽开挖之后就是垫墙基、砌墙脚，称为"打石脚"。墙基一般用大块卵石垒砌而成，再用小卵石填塞缝隙。墙基砌至与室外地面齐平后，就开始砌墙脚。墙脚用卵石或块石干砌，内外两面再用泥灰勾缝。

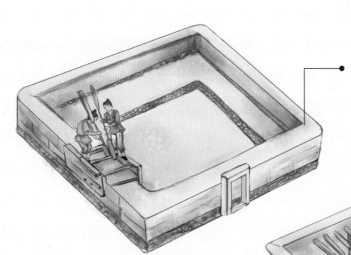

③ **行墙**

墙脚砌好以后，接着支模板夯筑土墙，俗称"行墙"。

④ **献架**

每夯好一层楼高的土墙，就要在墙顶上挖好搁置楼层木龙骨的凹槽，然后由木工竖木柱、架木梁，称为"献架"。

⑤ **出水与装修**

大型土楼通常一年只建一层，所以想要完全建好一栋土楼，通常需要三四年。等最顶层的墙体夯好以后，就可以盖瓦顶了，这称为"出水"。随后就是内外装修了。

土楼建成后，客家人都会给土楼取名，取名的方式也很讲究。有的是用方位命名，比如坐东朝西的东升楼，名字就蕴含日出东方之意；有的则是为勉励后人而命名，比如承启楼；还有的是为纪念先祖而命名，这样的土楼一般都会含有人名，比如永定林福成的后代所建的庆福楼、振成楼、庆成楼。

如果你有机会到福建参观土楼，记得要去这些"明星土楼"打卡哟！

"最年迈和最年轻"——初溪土楼群

在龙岩市永定区的初溪土楼群，你可以看到已经有600多岁高龄的集庆楼，还有才40多岁的善庆楼。

"中国的比萨斜塔"——裕昌楼

漳州市的裕昌楼从第三层开始便从左向右倾斜，最大倾斜角度达到15度；而从第四层开始，又以同样的角度从右往左倾斜。虽然木柱看上去东倒西歪，但土楼斜而不倒，可谓建筑界的一大奇迹。

"土楼王子"——振成楼

土楼中的另一大奇楼便是有"土楼王子"之称的振成楼。它位于龙岩市永定区，是一座典型的八卦楼，整座楼完全按照《易经》中八卦的原理修建而成。

龙岩市永定区分布着2万多座土楼，被誉为"土楼之乡"。永定客家土楼历史悠久、风格独特、规模宏大、结构精巧，凝聚了客家人的智慧结晶。